高校数学Ⅲを
ひとつひとつわか

JN047340

Gakken

みなさんの中に
「数学の問題が解けない」
「数字がたくさん並んでいて，どうすれば良いかわからない」
と悩んでいる人はいませんか。

問題を解くにあたって，
「なにから始めたらいいの？」
「この計算で必要な定理や公式は？」
などと感じたことはありませんか。

『高校 数学Ⅲをひとつひとつわかりやすく。』を使って学習していけば，数学Ⅲの基礎的な内容を確認することができます。また，この本で用いる計算やグラフに，それほど複雑なものはありません。教科書の内容をひとつひとつていねいに解説してありますし，問題が穴埋めになっていますので，ひとりで学習することができます。それをくりかえすことで，最終的に，問題を解く"力"を身につけることができます。

数学Ⅲを学習する上では，記号の意味を考え，自分の手を動かして計算し，図をかいてみたりして，自分なりに考えることが大切です。

この本は，「関数と極限」「微分法」「微分法の応用」「積分法とその応用」の４章からできており，問題を解くことを通して，定理や公式を理解し，身につくように説明しています。

この本で学習することによって，ひとりでも多くの人に，自学自習の習慣を身につけ，わかる喜びを感じてもらえたら，うれしく思います。

学研編集部

☺ この本の使い方

1回15分，読む→解く→わかる！

1回分の学習は2ページです。毎日少しずつ学習を進めましょう。

左ページが
書き込み式の
解説です。

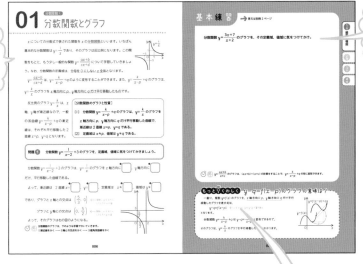

書き込み式の
練習問題です。

まちがえやすい部分や
学習のコツがのっています。

さらにくわしい内容が
のっています。

答え合わせも簡単・わかりやすい！

解答は本体に軽くのりづけしてあるので，引っぱって取り外してください。問題とセットで答えが印刷してあるので，簡単に答え合わせできます。

復習テストで，テストの点数アップ！

各分野のあとに，これまで学習した内容を確認するための「復習テスト」があります。

もくじ 高校数学Ⅲ

1章 関数と極限

01 分数関数とグラフ
分数関数① 006

02 分数方程式と分数不等式
分数関数② 008

03 無理関数とグラフ
無理関数① 010

04 無理方程式と無理不等式
無理関数② 012

05 逆関数とグラフ
逆関数 014

06 合成関数
合成関数 016

07 数列の極限の収束と発散
数列の極限① 018

08 数列の極限の性質
数列の極限② 020

09 不定形の極限
不定形 022

10 はさみうちの原理
はさみうちの原理 024

11 無限等比数列
無限等比数列 026

12 無限級数
無限級数 028

13 無限等比級数の計算
無限等比級数の極限① 030

14 無限等比級数の収束条件
無限等比級数の極限② 032

15 関数の極限
関数の極限① 034

16 ある極限値をとる関数の決定
関数の極限② 036

17 片側からの極限
関数の極限③ 038

18 $x \to \infty$, $x \to -\infty$ の極限値
$x \to \infty$, $x \to -\infty$ の極限値 040

19 指数関数と対数関数の極限
指数関数・対数関数の極限 042

20 三角関数の極限
三角関数の極限① 044

21 $\sin\theta/\theta$ の極限
三角関数の極限② 046

22 関数の連続性
関数の連続性① 048

23 中間値の定理
関数の連続性② 050

復習テスト① 052

2章 微分法

24 微分係数
微分係数 054

25 連続と微分可能
関数の連続性 056

26 導関数
導関数① 058

27 積の導関数
導関数② 060

28 商の導関数
導関数③ 062

29 合成関数 $f(g(x))$ の導関数
導関数④ 064

30 逆関数 $x=f(y)$ を微分する
導関数⑤ 066

31 三角関数の導関数
三角関数の導関数 068

32 対数関数の導関数
対数関数の導関数 070

33 対数微分法
対数微分法 072

34 指数関数の導関数
指数関数の導関数 074

35 第 n 次導関数
第 n 次導関数 076

36 x と y の入り交じった関数の導関数
複雑な関数の導関数① **078**

37 媒介変数表示された関数の導関数
複雑な関数の導関数② **080**

復習テスト② **082**

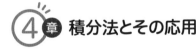

3章 微分法の応用

38 接線の方程式
接線 **084**

39 平均値の定理
平均値の定理 **086**

40 関数の増減と極値
極値と微分係数 **088**

41 関数の最大・最小
最大・最小 **090**

42 曲線の凹凸と変曲点
曲線の凹凸の判定 **092**

43 グラフのかき方
微分法とグラフ **094**

44 不等式への応用
微分法と不等式 **096**

45 速度と加速度
速度と加速度 **098**

復習テスト③ **100**

4章 積分法とその応用

46 積分する ⟺ 微分する
積分法の基本① **102**

47 導関数の公式を利用した積分法
積分法の基本② **104**

48 $f(ax+b)$ の不定積分
置換積分法① **106**

49 置き換えて積分する
置換積分法② **108**

50 部分積分法
部分積分法 **110**

51 いろいろな関数の不定積分
複雑な関数の不定積分① **112**

52 三角関数の不定積分
複雑な関数の不定積分② **114**

53 定積分
定積分の計算① **116**

54 定積分の置換積分法
定積分の計算② **118**

55 定積分の部分積分法
定積分の計算③ **120**

56 偶関数と奇関数の定積分
定積分の計算④ **122**

57 定積分で表された関数
定積分の応用① **124**

58 区分求積法
定積分の応用② **126**

59 定積分と不等式
定積分の応用③ **128**

60 面積
面積① **130**

61 曲線 $x=f(y)$ と面積
面積② **132**

62 体積
体積① **134**

63 回転体の体積
体積② **136**

64 速度，位置，道のり
定積分の応用④ **138**

65 曲線の長さ
定積分の応用⑤ **140**

復習テスト④ **142**

01 分数関数①　分数関数とグラフ

x についての分数式で表された関数を x の**分数関数**といいます。いちばん基本的な分数関数は $y=\dfrac{1}{x}$ であり，そのグラフは反比例になります。この関数をもとに，もう少し一般的な関数 $y=\dfrac{ax+b}{cx+d}$ について学習していきましょう。なお，分数関数の定義域は，分母を 0 にしない x 全体となります。

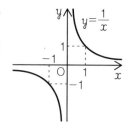

$y=\dfrac{ax+b}{cx+d}$ は，$y=\dfrac{k}{x-p}+q$ のように変形することができます。また，$y=\dfrac{k}{x-p}+q$ のグラフは，$y=\dfrac{k}{x}$ のグラフを x 軸方向に p，y 軸方向に q だけ平行移動したものです。

反比例のグラフ $y=\dfrac{k}{x}$ は，x 軸，y 軸が漸近線なので，一般の双曲線 $y=\dfrac{k}{x-p}+q$ の漸近線は，それぞれ平行移動した 2 直線 $x=p$，$y=q$ となります。

> **【分数関数のグラフと性質】**
> [1]　分数関数 $y=\dfrac{k}{x-p}+q$ のグラフは，$y=\dfrac{k}{x}$ のグラフを x 軸方向に p，y 軸方向に q だけ平行移動した曲線で，漸近線は 2 直線 $x=p$，$y=q$ である。
> [2]　定義域は $x\neq p$，値域は $y\neq q$ である。

問題❶　分数関数 $y=\dfrac{1}{x-2}+3$ のグラフを，定義域，値域に気をつけてかきましょう。

分数関数 $y=\dfrac{1}{x-2}+3$ のグラフは，$y=\dfrac{1}{x}$ のグラフを x 軸方向に ⑦ ☐ ，y 軸方向に ⑦ ☐

だけ，平行移動した曲線である。

よって，漸近線は　2 直線 $x=$ ⑨ ☐ ，$y=$ ⑨ ☐ ，定義域は　$x\neq$ ⑦ ☐ ，値域は $y\neq$ ⑦ ☐

であり，グラフと x 軸との交点は $\left(\dfrac{5}{3},\ 0\right)$ ← 関数に $y=0$ を代入したときの x の値

グラフと y 軸との交点は $\left(0,\ \dfrac{5}{2}\right)$ ← 関数に $x=0$ を代入したときの y の値

よって，そのグラフは右の図のようになる。

😊 分数関数のグラフは，下のような手順でかいていきます。
①漸近線をかく → ②軸との交点をかく → ③直角双曲線をかく

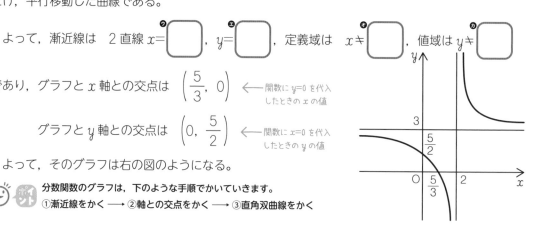

分数関数 $y=\dfrac{3x+7}{x+2}$ のグラフを，その定義域，値域に気をつけてかけ。

😊 **ポイント** $y=\dfrac{ax+b}{x+c}$ のグラフは，$(ax+b)\div(x+c)$ の計算をすることで，$y=\dfrac{k}{x-p}+q$ の形に変形できます。

もっとくわしく $y-q=f(x-p)$ のグラフの意味は？

一般に，関数 $y=f(x)$ のグラフを，x 軸方向に p，y 軸方向に q だけ平行移動したグラフを表す式は，

$$y-q=f(x-p) \quad \Leftarrow x を x-p, y を y-q で置き換え$$

となります。

分数関数 $y=\dfrac{k}{x-p}+q$ は $y-q=\dfrac{k}{x-p}$ と変形できるので，

そのグラフは，$y=\dfrac{k}{x}$ のグラフを平行移動したものとわかります。

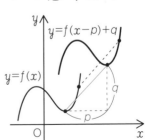

02 分数方程式と分数不等式

分数関数②

一般に，2つの関数 $y=f(x)$ と $y=g(x)$ のグラフの共有点の座標は，この2つの式を連立させた方程式 $f(x)=g(x)$ を解くことから得られます。

例 分数関数 $y=\dfrac{4}{x+1}$ のグラフと直線 $y=x+1$ の共有点の x 座標は $\dfrac{4}{x+1}=x+1$ の解である。

 両辺に $x+1$ を掛けると $(x+1)^2=4$

 よって $x+1=\pm2$ より $x=1,\ -3$

 $y=x+1$ において，$x=1$ のとき，$y=2$，$x=-3$ のとき，$y=-2$

 だから，共有点の座標は $(1,\ 2),\ (-3,\ -2)$

ぼくたちの
共有点は
ドコかな？

んー、
ナイ

グラフの共有点がわかれば，次のような分数不等式もグラフを利用して解くことができます。

問題 ❶ 分数関数 $y=\dfrac{3x-1}{x-1}$ のグラフを利用して，分数不等式 $\dfrac{3x-1}{x-1}\geqq2x+1$ を解きましょう。

$\dfrac{3x-1}{x-1}=2x+1$ の両辺に $x-1$ を掛けると $3x-1=(2x+1)(x-1)$

$$2x(x-2)=0 \quad\longleftarrow\quad \begin{array}{l}3x-1=2x^2-x-1\\2x^2-4x=0\end{array}$$

よって，$x=0,\ 2$ であるから，$y=\dfrac{3x-1}{x-1}$ と $y=2x+1$ の2つのグラフの共有点の座標は

$(0,\ 1),\ (2,\ 5)$

さらに $\dfrac{3x-1}{x-1}=\dfrac{3(x-1)+2}{x-1}=\boxed{}^{\text{❼}}+\dfrac{2}{x-1}$

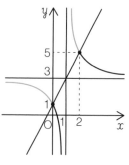

より，分数関数 $y=\dfrac{3x-1}{x-1}$ のグラフの漸近線は 2直線 $x=1,\ y=3$

以上より，分数関数 $y=\dfrac{3x-1}{x-1}$ のグラフと直線 $y=2x+1$ のグラフの

位置関係は右の図のようになる。

$y=\dfrac{3x-1}{x-1}$ のグラフが直線 $y=2x+1$ より上側にある部分は，図の青線部分だから，図より

$$x\leqq\boxed{}^{\text{❶}},\quad\boxed{}^{\text{❷}}<x\leqq2 \quad\longleftarrow\text{漸近線に気をつける}$$

分数関数 $y=\dfrac{-2x+1}{x-1}$ のグラフを利用して，分数不等式 $\dfrac{-2x+1}{x-1}\geqq -x-1$ を解け。

もっとくわしく　グラフを用いない解き方は？

問題 ❶ の $\dfrac{3x-1}{x-1}\geqq 2x+1$ をグラフを利用しないで解くと，次のようになります。

不等式の両辺に，$(x-1)^2$ を掛けると　← 不等式の向きを変えないために

$\qquad (3x-1)(x-1)\geqq(2x+1)(x-1)^2$　← $(x-1)$ を共通因数にもつことに注意する

$\quad (x-1)(2x^2-4x)\leqq 0$

$\quad 2x(x-1)(x-2)\leqq 0$

$x\neq 1$ であることに注意して，左辺の式がとる値を右の表で調べると，求める不等式の解は

$\qquad x\leqq 0,\ 1<x\leqq 2$

x	$\cdots$	0	$\cdots$	1	$\cdots$	2	$\cdots$
x	$-$	0	$+$		$+$	$+$	$+$
$x-1$	$-$	$-$	$-$		$+$	$+$	$+$
$x-2$	$-$	$-$	$-$		$-$	0	$+$
積	$-$	0	$+$		$-$	0	$+$

03 無理関数とグラフ

$\sqrt{x}$, $\sqrt{2x}$, $\sqrt{1-x^2}$, $\sqrt{x^2+1}$ のように，根号内に文字を含む式を**無理式**といい，x の無理式で表された関数を**無理関数**といいます。一般に，無理関数の定義域は，根号内を正または 0 とする実数全体となります。ここでは，無理関数 $y=\sqrt{ax}$，$y=\sqrt{ax+b}$ を中心にみていきます。

例 $y=\sqrt{x+1}$ の定義域は $x+1\geqq0$ から $x\geqq-1$，値域は $y\geqq0$ となります。

$y=\sqrt{x}$ の両辺を 2 乗すれば $y^2=x$ となるので，$y=\sqrt{x}$ は放物線 $y^2=x$ の一部です。このことから，$y=\sqrt{ax}$ のグラフは次のようになることがわかります。

関数 $y=\sqrt{ax}$ において

$a>0$ のとき

　定義域は $x\geqq0$，y は増加関数

$a<0$ のとき

　定義域は $x\leqq0$，y は減少関数

　値域はともに　$y\geqq0$

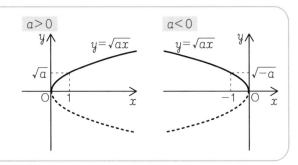

上のグラフの破線部分は，$y=-\sqrt{ax}$ のグラフとなります。

問題❶ 　関数 $y=\sqrt{2x+4}$ の定義域と値域を求めて，そのグラフをかきましょう。

関数 $y=\sqrt{2x+4}$ の定義域は，根号内が 0 以上となることから

　　$2x+4\geqq0$ ← $y=\sqrt{X}$ の定義域は，$X\geqq0$

よって　$x\geqq$ [ア]

このとき，$2x+4$ は 0 以上のすべての値をとるので，値域は　$y\geqq$ [イ]

また　$\sqrt{2x+4}=\sqrt{2(x+2)}$
　　　　　　　$=\sqrt{2\{x-(-2)\}}$

と変形できるから，$y=\sqrt{2x+4}$ のグラフは

$y=\sqrt{2x}$ のグラフを x 軸方向に [ウ] だけ平行移動したグ

ラフで，右の図のようになる。

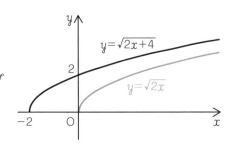

$y=\sqrt{2x}$ のグラフは，放物線 $y^2=2x$ の一部です。

基本練習

→ 答えは別冊 2 ページ

関数 $y=\sqrt{8-2x}$ の定義域と値域を求めて，そのグラフをかけ。

もっとくわしく　単調増加，単調減少

関数 $y=\sqrt{ax}$ について

　　$a>0$ のとき，y は単調に増加する

　　$a<0$ のとき，y は単調に減少する

といういい方をすることがあります。

　この「単調」を大ざっぱにいうと

・単調増加 $\Longleftrightarrow$ x が増加すれば y は必ず増加する

・単調減少 $\Longleftrightarrow$ x が増加すれば y は必ず減少する

ということで，厳密には

　単調増加：$x_1<x_2$ ならば　$f(x_1)<f(x_2)$

　単調減少：$x_1<x_2$ ならば　$f(x_1)>f(x_2)$

となる増加や減少の状態をいいます。

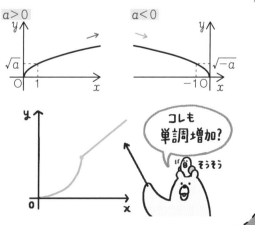

04 無理方程式と無理不等式

無理関数②

方程式や不等式に無理式を含むものを無理方程式，無理不等式といいます。02 で分数方程式や分数不等式を解くときにグラフを利用したように，無理方程式，無理不等式でもグラフを利用できます。

問題① 関数 $y=\sqrt{2x+2}$ のグラフと直線 $y=2x$ の共有点の座標を求めましょう。

$\sqrt{2x+2}=\sqrt{2(x+1)}$ だから，$y=\sqrt{2x+2}$ のグラフは，$y=\sqrt{2x}$ のグラフを x 軸方向に -1 だけ平行移動したものであり，グラフは右下の図のようになる。

一方，$y=\sqrt{2x+2}$ のグラフと直線 $y=2x$ の共有点は $\sqrt{2x+2}=2x$ の解である。

両辺を 2 乗して整理すると

$$2x^2-x-1=0$$

$$(x-1)\left(\fbox{ア}\;x+1\right)=0$$

よって $x=-\dfrac{1}{2},\;\fbox{イ}$

この点は除外される

ここで，$y=2x$ において，$y\geqq 0$ だから，$x=-\dfrac{1}{2}$ は適さない。 ← グラフを利用すると，除外すべき共有点がわかりやすい

よって，$y=2x$ に $x=\fbox{ウ}$ を代入して，2 つのグラフの共有点の座標は $\left(\fbox{エ},\;2\right)$

問題② 問題① を利用して，無理不等式 $\sqrt{2x+2}>2x$ を解きましょう。

問題① のグラフから，$y=\sqrt{2x+2}$ のグラフが直線 $y=2x$ より上にあるのは $x<1$ のとき。

ただし，x の定義域は，$2x+2\geqq 0$ より

$$x\geqq\fbox{オ}$$

よって，求める不等式の解は

$$\fbox{カ}\leqq x<1$$

方程式も不等式も『無理』です!

😊 無理不等式には，グラフを用いない解法もありますが，グラフを利用したほうが簡単になることが多いです。

基本練習

→ 答えは別冊 2 ページ

グラフを利用して，無理不等式 $\sqrt{4x+4} > x+1$ を解け。

よくある✗まちがい $A > B \longrightarrow A^2 > B^2$ は成り立たない！

問題❶ の $\sqrt{2x+2} > 2x$ をグラフを利用しないで解くとどうなるでしょう。

両辺を 2 乗することはできません。$A > B \longrightarrow A^2 > B^2$ は成り立たないからです。（反例：$A=1$, $B=-2$）

下のように x の定義域から場合分けをして解くことができます。

(ⅰ) $x \geqq 0$ のとき

両辺を 2 乗して　$2x+2 > 4x^2$

$\qquad (x-1)(2x+1) < 0$

$x \geqq 0$ より　$0 \leqq x < 1$

(ⅱ) $-1 \leqq x < 0$ のとき

$\sqrt{2x+2} \geqq 0$, $2x < 0$ より，$-1 \leqq x < 0$ のすべてで成り立つ。

(ⅰ), (ⅱ)より　$-1 \leqq x < 1$

少し複雑ですね。

グラフを活用すると，視覚的に容易に解くことができます。

フム　グラフの方が いいかも‼　そうだね！

05 逆関数とグラフ
逆関数

関数 $y=f(x)$ があって，任意の y の値に対してこれと対応する x の値がただ1つ定まるとき，x は y の関数 $x=g(y)$ と考えることができます。このように定まる関数をもとの関数 $y=f(x)$ の <u>逆関数</u> といい，$\underline{y=f^{-1}(x)}$ のように表されます。

例　$y=x+1$ に対して，その逆関数は，定めた y に対応する x を求めればよい。

　　y が a の値をとるときの x の値は　$a=x+1$ より　$x=a-1$　……①

　　y がとる値 a に対応して x の値が定まるから，x は a の関数である。

　　改めて，a を x，x を y とおくと，$y=x-1$ が $y=x+1$ の逆関数ということになる。

一般に，関数 $y=f(x)$ の逆関数は，右のような手順で考えていくことになります。

❶ 関係式 $y=f(x)$ を変形して，$x=g(y)$ の形にする。
❷ x と y を入れ替えて，$y=g(x)$ とする。
❸ $g(x)$ の定義域は，$f(x)$ の値域と同じにとる。

（ミス注意）関数 $y=x^2$ のような関数では，$y=1$ に対応する x の値は1と-1の2つあって1つには定まりません。このように，関数 $f(x)$ はいつでも逆関数をもつとは限らないことに注意しましょう。

問題❶　関数 $y=\dfrac{2x+1}{x-3}$ の逆関数と，その定義域と値域を求めましょう。

$y=\dfrac{2x+1}{x-3}=\dfrac{2(x-3)+7}{x-3}=2+\dfrac{\boxed{}^{❼}}{x-3}$ だから，関数 $y=\dfrac{2x+1}{x-3}$ の定義域は　$x\neq 3$，

値域は　$y\neq 2$

よって，逆関数の定義域は　$x\neq 2$，値域は　$y\neq 3$　← 逆関数では，定義域と値域が置き換わる

$y=2+\dfrac{\boxed{}^{❼}}{x-3}$ において，x を y，y を x で置き換えると　← $y=\dfrac{2x+1}{x-3}$ で x と y を入れ替えてもよいが　最初に式変形した結果を使ったほうが計算が簡単

$x=2+\dfrac{7}{y-3}$　← 置き換えた段階で逆関数だが，題意は，「$y=f(x)$ の形で表す」こと

したがって　$x-2=\dfrac{7}{y-3}$　すなわち　$y-3=\dfrac{7}{x-2}$

よって，求める逆関数は

$y=\dfrac{7}{x-2}+\boxed{}^{❹}=\dfrac{3x+1}{x-2}$

次の関数の逆関数と，その定義域と値域を求めよ。

(1) $y=\dfrac{x+1}{x-3}$

(2) $y=\sqrt{x+2}$

 関数 $y=2^x$ の逆関数は，$y=\log_2 x$ となります。

もっとくわしく $y=f(x)$ と $y=f^{-1}(x)$ のグラフ

関数 $f(x)$ が逆関数 $f^{-1}(x)$ をもつとき，逆関数の定義から

$$b=f(a) \iff a=f^{-1}(b)$$

が成り立ちます。

また，逆関数を求めるときに，x と y を入れ替えたことから，
$y=f(x)$ と $y=f^{-1}(x)$ のグラフは直線 $y=x$ に関して対称となります。

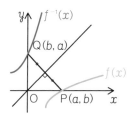

06 合成関数

関数 $y=f(x)$ は，x を決めるとただ 1 つ y が定まる関係を表すものです。ここで，関数 $f(x)$ を $f(\square)=2\square+1$ として，$\square$ の代わりに $2x$ や x^2 を入れてみると

$$y=f(\square)：y=f(2x)=2(2x)+1=4x+1$$
$$y=f(x^2)=2(x^2)+1=2x^2+1$$

が得られます。これらはすべて x の値を定めるとそれぞれ，$\square$ に入れるべき値として $2x$，x^2 の値が定まり，その結果として y の値が定まるのですから，やはり，y は x の関数です。

一方，$\square$ に入れるべき値を求める過程に目を向けると，$\square=2x$，$\square=x^2$ とおくことができて，$\square$ も x の関数といえます。そこで，$g(x)=2x$，$h(x)=x^2$ とおくと結局，$f(x)=2x+1$ に対して

$$x \xrightarrow{y=g(x)} 2x \xrightarrow{y=f(g(x))} 4x+1 \quad \vdots \quad x \xrightarrow{y=h(x)} x^2 \xrightarrow{y=f(h(x))} 2x^2+1$$

となるので，$y=f(g(x))=4x+1$，$y=f(h(x))=2x^2+1$ で，$f(g(x))$，$f(h(x))$ はそれぞれ x の関数となります。この $y=f(x)$ の x に $g(x)$ を代入した関数を $f(x)$ と $g(x)$ の**合成関数**といい，$f \circ g(x)$ のように表します。つまり

$$x \xrightarrow[y=g(x)]{} g(x) \xrightarrow[y=f(x)]{} f(g(x))$$

$$f \circ g(x)=f(g(x))$$

問題❶ $f(x)=-x+2$，$g(x)=x^2-1$ のとき，合成関数 $f \circ g(x)$ と $g \circ f(x)$，および，$f \circ g(x)=g \circ f(x)$ となる x の値を求めましょう。

$f \circ g(x)=f(g(x))$ だから

$f \circ g(x)=f(x^2-1)$ ←─ $f \circ g(x)$ では，先に関数 $g(x)$ の計算を行った結果を $f(x)$ に代入する

$\quad =-(x^2-1)+\boxed{⑦}$ ←─ $-x+2$ の「x」に，x^2-1 を代入する

$\quad =-x^2+3$

$g \circ f(x)=g(f(x))$ だから

$g \circ f(x)=g(-x+2)$ ←─ $g \circ f(x)$ では，先に関数 $f(x)$ の計算を行った結果を $g(x)$ に代入する

$\quad =(-x+2)^2-1$ ←─ x^2-1 の「x」に，$-x+2$ を代入する

$\quad =x^2-4x+\boxed{④}$

したがって，$f \circ g(x)=g \circ f(x)$ を満たす x の値は $-x^2+3=x^2-4x+3$ の解である。

$x^2-\boxed{⑨}x=0$ より $x=0,\ 2$ ←─ ある特別な x のときに，$f \circ g(x)=g \circ f(x)$ が成り立つ

$f(x)=2x+1$，$g(x)=x^2-2x+1$ のとき，合成関数 $f{\circ}g(x)$ と $g{\circ}f(x)$ を求めよ。さらに，$f{\circ}g(x)=g{\circ}f(x)$ となる x の値を求めよ。

もっとくわしく　どんな関数も合成可能？

　問題❶の結果から，一般には，$f{\circ}g(x) \neq g{\circ}f(x)$ であることがわかります。

　さらにいえば，どんな関数も合成できるわけではありません。例えば，$f(x)=\sqrt{x}$，$g(x)=1-x$ としたら，それぞれ $f(x)$ の定義域は $x \geqq 0$，$g(x)$ の定義域，値域は実数全体，さらには，$f{\circ}g(x)=\sqrt{1-x}$ の定義域は $x \leqq 1$ となってしまいます。合成関数 $f{\circ}g(x)$ をつくるには，$g(x)$ の値域が $f(x)$ の定義域に含まれている必要があります。

07 数列の極限① 数列の極限の収束と発散

一般に，数列 $\{a_n\}$ において，n を限りなく大きくするとき，u_n がある値 α に限りなく近づくならば，**$\{a_n\}$ は α に収束する**，あるいは **$\{a_n\}$ の極限は α である**といいます。また，値 α は**極限値**とも呼ばれます。

$\{a_n\}$ の極限が α であることを

$$\lim_{n\to\infty} a_n = \alpha \quad または \quad n \longrightarrow \infty のとき，a_n \longrightarrow \alpha$$

のように書き表します。

 記号 ∞ は「無限大」と読みます。∞ は数ではなく限りなく大きいことを表す記号です。

一方，数列 $\{a_n\}$ の一般項が $a_n = 2n$ のような場合では，n を大きくすると a_n は限りなく大きくなります。このとき，数列 $\{a_n\}$ は**正の無限大に発散**する，極限は**正の無限大**といいます。

また，数列 $\{a_n\}$ の一般項が $a_n = -3n$ のような場合では，n を大きくすると a_n は限りなく小さくなります。このとき，数列 $\{a_n\}$ は**負の無限大に発散**する，極限は**負の無限大**といいます。

正の無限大に発散することや負の無限大に発散することは次のように表します。

$$\lim_{n\to\infty} a_n = \infty \quad または n \longrightarrow \infty のとき，a_n \longrightarrow \infty$$

$$\lim_{n\to\infty} a_n = -\infty \quad または n \longrightarrow \infty のとき，a_n \longrightarrow -\infty$$

収束しない数列はすべて発散するといいます。数列 $\{a_n\}$ の一般項が $a_n = (-1)^n 2^n$ のような場合，n を大きくしても，a_n は収束もしませんし，正の無限大に発散も，負の無限大に発散もしません。このようなとき，数列 $\{a_n\}$ は**振動**するといいます。

問題 ❶ $n \longrightarrow \infty$ とするとき，次の数列の極限を調べましょう。

(1) $3n$　　(2) $\dfrac{1}{n}$　　(3) $\left(-\dfrac{1}{2}\right)^n$　　(4) $\sin n\pi$

---

(1) $\displaystyle\lim_{n\to\infty} 3n =$ [❼　] より　正の無限大に [❶　] する。

(2) $\displaystyle\lim_{n\to\infty} \dfrac{1}{n} = 0$ より　0 に収束する。

(3) $\displaystyle\lim_{n\to\infty} \left(-\dfrac{1}{2}\right)^n = 0$ より　0 に収束する。

(4) n は自然数だから　$\sin n\pi =$ [❼　]

　　よって　$\displaystyle\lim_{n\to\infty} \sin n\pi =$ [❶　]

　　したがって，0 に収束する。

基本練習

→ 答えは別冊 3 ページ

$n \longrightarrow \infty$ とするとき，次の数列の極限を調べよ。

(1) $-n$

(2) $\dfrac{2}{n}$

(3) $\left(\dfrac{1}{2}\right)^n$

(4) $\cos n\pi$

:-) 1 つの数が無限に続く定数の数列 $c, c, c, \cdots\cdots, c, \cdots\cdots$ は c に収束し，その極限値は c であると考えます。すなわち，$\lim\limits_{n\to\infty} c = c$ です。

もっとくわしく 数列の収束・発散

数列の収束・発散についてまとめておきましょう。

収束	α に収束	$\lim\limits_{n\to\infty} a_n = \alpha$	極限は α
発散 (収束しない)	正の無限大に発散	$\lim\limits_{n\to\infty} a_n = \infty$	極限は ∞
	負の無限大に発散	$\lim\limits_{n\to\infty} a_n = -\infty$	極限は $-\infty$
	振動		極限はない

ワァ！

表にしたら
わかった!!

08 数列の極限の性質

収束する極限については，次のことが成り立ちます。

【数列の極限の性質】

数列 $\{a_n\}$ と $\{b_n\}$ が収束して，$\displaystyle\lim_{n\to\infty} a_n=\alpha$，$\displaystyle\lim_{n\to\infty} b_n=\beta$ とする。

[1] $\displaystyle\lim_{n\to\infty} ka_n=k\alpha$　（ただし，k は定数）

[2] $\displaystyle\lim_{n\to\infty}(a_n+b_n)=\alpha+\beta$，$\displaystyle\lim_{n\to\infty}(a_n-b_n)=\alpha-\beta$

[3] $\displaystyle\lim_{n\to\infty} a_nb_n=\alpha\beta$

[4] $\displaystyle\lim_{n\to\infty}\frac{a_n}{b_n}=\frac{\alpha}{\beta}$　（ただし，$\beta\neq0$）

問題❶ $\displaystyle\lim_{n\to\infty} a_n=3$，$\displaystyle\lim_{n\to\infty} b_n=4$ であるとき，次の数列の極限を求めましょう。

(1) $\{2a_n-3b_n\}$　　　(2) $\{a_nb_n\}$　　　(3) $\left\{\dfrac{a_n-b_n}{a_n+b_n}\right\}$

(1) $\displaystyle\lim_{n\to\infty}\{2a_n-3b_n\}=\lim_{n\to\infty} 2a_n-\lim_{n\to\infty} 3b_n=2\lim_{n\to\infty} a_n-3\lim_{n\to\infty} b_n=6-12=$ ⑦ ☐

(2) $\displaystyle\lim_{n\to\infty}\{a_nb_n\}=(\lim_{n\to\infty} a_n)(\lim_{n\to\infty} b_n)=3\cdot4=12$

(3) $\displaystyle\lim_{n\to\infty}\frac{a_n-b_n}{a_n+b_n}=\frac{\lim_{n\to\infty}\{a_n-b_n\}}{\lim_{n\to\infty}\{a_n+b_n\}}=\frac{\lim_{n\to\infty} a_n-\lim_{n\to\infty} b_n}{\lim_{n\to\infty} a_n+\lim_{n\to\infty} b_n}=\frac{3-4}{3+4}=-\frac{1}{7}$

問題❷ $\displaystyle\lim_{n\to\infty}\frac{3a_n-1}{a_n+2}=2$ であるとき，$\displaystyle\lim_{n\to\infty} a_n$ を求めましょう。

$b_n=\dfrac{3a_n-1}{a_n+2}$　……①とおくと，$\displaystyle\lim_{n\to\infty} b_n=2$ である。

ここで，$b_n=\dfrac{3a_n-1}{a_n+2}=\dfrac{3(a_n+2)-7}{a_n+2}=3-\dfrac{7}{a_n+2}$　だから　$b_n\neq$ ❶ ☐

①を a_n について解くと，$b_n(a_n+2)=3a_n-1$ より

$\quad(b_n-3)a_n=-2b_n-1$

$b_n\neq3$ だから，$a_n=\dfrac{-2b_n-1}{b_n-3}$ で　←　仮定は $\displaystyle\lim_{n\to\infty} b_n=2$ であるから，これを前提として $\displaystyle\lim_{n\to\infty} a_n$ を求める

$\displaystyle\lim_{n\to\infty} a_n=\lim_{n\to\infty}\frac{-2b_n-1}{b_n-3}=\frac{\lim_{n\to\infty}(-2b_n-1)}{\lim_{n\to\infty}(b_n-3)}=\frac{-2\cdot2-1}{2-3}=5$

$$\lim_{n\to\infty}\frac{2a_n+2}{a_n+4}=1 \text{ であるとき, } \lim_{n\to\infty}a_n \text{ を求めよ。}$$

よくある ✖ まちがい　$\lim_{n\to\infty}a_n=\alpha$ はダメ !?

問題 ② を, $\lim_{n\to\infty}a_n=\alpha$ とおいて, α の方程式 $\frac{3\alpha-1}{\alpha+2}=2$ を解いて

$\quad 3\alpha-1=2(\alpha+2)$ より　$\alpha=5$

としてはいけないのでしょうか。条件の段階では, $\lim_{n\to\infty}a_n$ は収束するか発散するかもわかりません。しかし, $\lim_{n\to\infty}a_n=\alpha$ とおいて計算を進めることは, $\lim_{n\to\infty}a_n$ の収束を前提としています。このように, 極限の議論については細かい注意が必要です。

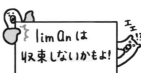

エエ!?

lim aₙ は
収束しないかもよ!

09 不定形 不定形の極限

08 の $\lim_{n\to\infty} a_n$ と $\lim_{n\to\infty} b_n$ が収束する場合の性質 [1]〜[4] に続いて，次のことが成り立ちます。

【数列の極限の性質】

数列 $\{a_n\}$ と $\{b_n\}$ に関して，$\lim_{n\to\infty} a_n=\infty$，$\lim_{n\to\infty} b_n=\beta$ であるとき

[5] $\lim_{n\to\infty} ka_n=\infty$　　[6] $\lim_{n\to\infty}(a_n+b_n)=\infty$，$\lim_{n\to\infty}(a_n-b_n)=\infty$

[7] $\begin{cases} \beta>0 \text{ のとき} \quad \lim_{n\to\infty}(a_nb_n)=\infty \\ \beta<0 \text{ のとき} \quad \lim_{n\to\infty}(a_nb_n)=-\infty \end{cases}$

$\lim_{n\to\infty} a_n$ と $\lim_{n\to\infty} b_n$ がともに発散する場合や，ともに 0 に収束する場合は，その計算過程に注意が必要です。$\underline{\infty-\infty}$，$\underline{\dfrac{\infty}{\infty}}$，$\underline{\dfrac{0}{0}}$，$\underline{\infty\times0}$ のような極限を **不定形の極限** と呼ぶことがあります。

😊 ミス注意 $\infty-\infty$ は直感的には 0 となるように見えてしまいますが，0 になるとは限りません。不定形が出てきたら，必ず，式変形をして不定形を解消するようにしましょう。

問題① 次の極限値を求めましょう。

(1) $\displaystyle\lim_{n\to\infty}(n^2-n)$　　(2) $\displaystyle\lim_{n\to\infty}\dfrac{n^2}{3n+1}$

(1) $\displaystyle\lim_{n\to\infty}(n^2-n)=\lim_{n\to\infty} n^2\left(\boxed{}-\dfrac{1}{n}\right)=\infty$ ← $\infty-\infty$ は不定形なので積の形をつくることで $\infty\times$（収束）の形をつくる

(2) $\displaystyle\lim_{n\to\infty}\dfrac{n^2}{3n+1}=\lim_{n\to\infty}\dfrac{n}{3+\dfrac{1}{n}}=\left(\lim_{n\to\infty} n\right)\left(\lim_{n\to\infty}\dfrac{1}{3+\dfrac{1}{n}}\right)=\infty$ ← $\dfrac{\infty}{\infty}$ の形も不定形なので，$\infty\times$（収束）の形をつくる

問題② $\displaystyle\lim_{n\to\infty}(\sqrt{n^2+4n}-n)$ を求めましょう。

$\displaystyle\lim_{n\to\infty}(\sqrt{n^2+4n}-n)$ ← 不定形の極限では，式変形することで不定形を回避できることがある

$=\displaystyle\lim_{n\to\infty}\dfrac{(\sqrt{n^2+4n}-n)(\sqrt{n^2+4n}+n)}{\sqrt{n^2+4n}+n}$ ← この段階ではまだ不定形のまま

$=\displaystyle\lim_{n\to\infty}\dfrac{n^2+4n-n^2}{\sqrt{n^2+4n}+n}=\lim_{n\to\infty}\dfrac{\boxed{}n}{\sqrt{n^2+4n}+n}$

$=\displaystyle\lim_{n\to\infty}\dfrac{\boxed{}}{\dfrac{\sqrt{n^2+4n}}{n}+1}=\lim_{n\to\infty}\dfrac{4}{\sqrt{1+\dfrac{4}{n}}+1}=2$ ← 不定形が解消された

不定形は「式変形」だよ

…カワイイ ちょうちょたち？

基本練習

→ 答えは別冊 4 ページ

次の極限値を求めよ。

(1) $\displaystyle\lim_{n\to\infty}(n-\sqrt{n})$

(2) $\displaystyle\lim_{n\to\infty}(\sqrt{9n^2+4n}-3n)$

もっとくわしく　式変形はどこまで書く？

問題 ❶ (1)の n^2-n で，n^2 は n よりも大きくなるスピードが速いので，直感的にも「発散する」ことは明らかですが，これを答えとすることはできません。

$$\lim_{n\to\infty}(n^2-n)=\boxed{\lim_{n\to\infty}n^2\left(1-\frac{1}{n}\right)}=\infty \quad\longleftarrow \boxed{}\text{の省略は不可}$$

となります。$\boxed{}$ を省略することは，$\infty-\infty$ の計算に対しての直感的な解答にすぎず，根拠が足りないとみなされます。なぜ，ここまで厳しくするかといえば，直感的な判断を排除することが極限の計算の要だからです。この計算の根拠は，$\infty\times\alpha$ という数列の極限の性質にあります。大学ではこの性質についても証明が行われます。

10 はさみうちの原理

数列の極限を求めるのに，よく用いられる重要な性質に次のものがあります。

> **【数列の極限の性質】**
>
> 数列 $\{a_n\}$ と $\{b_n\}$ が収束して，$\displaystyle\lim_{n\to\infty} a_n=\alpha$，$\displaystyle\lim_{n\to\infty} b_n=\beta$ とする。
>
> [8] すべての n について $a_n \le b_n$ ならば $\alpha \le \beta$
>
> とくに，$\displaystyle\lim_{n\to\infty} a_n=\infty$ であれば，$\displaystyle\lim_{n\to\infty} b_n=\infty$ である。
>
> [9] すべての n について $a_n \le c_n \le b_n$ かつ $\alpha=\beta$ ならば $\displaystyle\lim_{n\to\infty} c_n=\alpha$

[8] は $a_n<b_n$ でも成り立ちます。[9] はすべての n で $a_n<c_n<b_n$ であっても，極限としては，$\alpha=\beta$ となります。とくに，[9] は，**はさみうちの原理**と呼ばれる極限の重要な性質です。

一般に，$\{n^2\}$ や $\{2^n\}$ などが正の無限大に発散することは無条件に認められていますが，極限の性質から，これを証明することができます。

> **問題 1** [8] を用いて，数列 $\{n^2\}$ の極限が ∞ であることを示しましょう。

$n^2-n=n(n-1)$ だから $n=1$ のとき $n(n-1)=0$ より $n=n^2$ ← $a_n=n,\ b_n=n^2$ で
$n\ge 2$ のとき $n(n-1)>0$ より $n<n^2$ ← $b_n-a_n\ge 0 \longrightarrow a_n\le b_n$

したがって，すべての n で $n\le n^2$

よって，$n \longrightarrow \infty$ のとき ⑦□ $\longrightarrow \infty$ ← 極限の性質[8]

> **問題 2** 極限 $\displaystyle\lim_{n\to\infty}\frac{1}{n}\sin n\theta$ を求めましょう。

$\sin n\theta$ の範囲は $-1 \le \sin n\theta \le 1$

この不等式の辺々を n で割ると

$$-\frac{1}{n} \le \frac{\sin n\theta}{n} \le \frac{1}{n}$$ ← この形を意識して覚えよう
$\left|\dfrac{\sin n\theta}{n}\right| \le \dfrac{1}{n}$ とすることもできる

ここで $\displaystyle\lim_{n\to\infty}\left(-\frac{1}{n}\right)=0$，$\displaystyle\lim_{n\to\infty}\frac{1}{n}=0$

だから，はさみうちの原理により

$$\lim_{n\to\infty}\frac{1}{n}\sin n\theta=\ ⓐ□$$

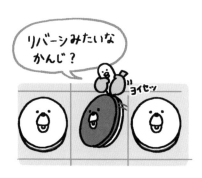

リバーシみたいなかんじ？

はさみうちの原理を用いて，$\displaystyle\lim_{n\to\infty}\dfrac{1+(-1)^n}{n}$ を求めよ。

もっとくわしく　はさみうちの原理の有用性

$\sin n\theta$ の値は $-1\leqq\sin n\theta\leqq1$ に限定される一方で，$\dfrac{1}{n}$ は $n\longrightarrow\infty$ で 0 に収束するので，

$\dfrac{1}{n}\sin n\theta\longrightarrow0$ となることは直感的には明らかそうですが，どのように示せばよいでしょうか。このような場面

では，はさみうちの原理を用いるのがいちばん明快です。

　問題 ❷ は，はさみうちの原理を用いるかなり基本的な問題で，その有用性がわからないかもしれませんが，

後で学習する $\dfrac{0}{0}$ などの不定形を扱う場面で，この原理の威力が実感されます。

11 無限等比数列

項が無限に続く数列を**無限数列**といい，等比数列の項が無限に続くときは，**無限等比数列**と呼ばれます。無限等比数列については，次のことが成り立ちます。

【数列 $\{r^n\}$ の極限】

[1] $r>1$ のとき $\displaystyle\lim_{n\to\infty} r^n=\infty$ [2] $r=1$ のとき $\displaystyle\lim_{n\to\infty} r^n=1$

[3] $|r|<1$ のとき $\displaystyle\lim_{n\to\infty} r^n=0$ [4] $r\leqq-1$ のとき 振動する

---

[1]～[4] から，次のことがわかります。

無限等比数列 $\{r^n\}$ が収束する $\Longleftrightarrow -1<r\leqq1$

例 $\displaystyle\lim_{n\to\infty}\frac{4^n}{4^n+3^n}=\lim_{n\to\infty}\frac{1}{\dfrac{4^n+3^n}{4^n}}=\lim_{n\to\infty}\frac{1}{1+\left(\dfrac{3}{4}\right)^n}$ で，$\left(\dfrac{3}{4}\right)^n\longrightarrow0$ なので，$\displaystyle\lim_{n\to\infty}\frac{4^n}{4^n+3^n}=1$

問題 ① 数列 $\left\{\dfrac{r^n}{2-r^n}\right\}$ の極限を，次の各場合について求めましょう。

(1) $-1<r<1$ (2) $r<-1$

---

(1) $-1<r<1$，すなわち，$|r|<1$ のとき $\displaystyle\lim_{n\to\infty} r^n=0$ だから

$$\lim_{n\to\infty}\frac{r^n}{2-r^n}=\frac{\boxed{}^{\text{⑦}}}{2-0}=0 \quad\longleftarrow\text{ 分母は0以外の極限に，分子は0に収束するので，}$$
$$\text{08 の数列の極限の性質 [4] を使う}$$

(2) $\dfrac{r^n}{2-r^n}$ の分母と分子を r^n で割ると $\quad\longleftarrow$ 不定形を解消するための必須の変形

$$\frac{\dfrac{r^n}{r^n}}{\dfrac{2-r^n}{r^n}}=\frac{1}{\dfrac{2}{r^n}-1}=\frac{1}{2\left(\dfrac{1}{r^n}\right)-1}=\frac{1}{2\left(\dfrac{1}{r}\right)^n-\boxed{}^{\text{④}}} \quad\cdots\cdots①$$

$\dfrac{1}{r}$ について，$r<-1$ だから $-1<\dfrac{1}{r}<0$ すなわち $\left|\dfrac{1}{r}\right|<1$

このとき，$\displaystyle\lim_{n\to\infty}\left(\dfrac{1}{r}\right)^n=0$ だから，①より

$$\lim_{n\to\infty}\left(\frac{r^n}{2-r^n}\right)=\lim_{n\to\infty}\frac{1}{2\left(\dfrac{1}{r}\right)^n-1}=\frac{1}{0-1}=\boxed{}^{\text{⑦}}$$

026

数列 $\left\{ \dfrac{2-r^n}{2+r^n} \right\}$ の極限を，次の各場合について求めよ。

(1) $r>1$

(2) $r=1$

(3) $|r|<1$

(4) $r<-1$

もっと くわしく 漸化式 $a_{n+1}=pa_n+q$ の極限

　漸化式 $a_{n+1}=pa_n+q$，$a_1=a$，$n=1$，2，3，……で，a_n の極限がどのような値になるのか調べることも，極限ではよく扱われるテーマです。一般には，漸化式 $a_{n+1}=pa_n+q$ において，$|p|<1$ であれば a_n は収束して，その極限値 α は，1 次方程式 $x=px+q$ の解となることが知られています。

12 無限級数

無限に続く数列 $\{a_n\}$ の一般項が a_1, a_2, a_3, ……, a_n, …… であるとき, この数列の各項を ＋ の記号で結んだ式 $a_1+a_2+a_3+\cdots\cdots+a_n+\cdots\cdots$ を **無限級数** といい, $\displaystyle\sum_{n=1}^{\infty} a_n$ のように表します。

無限数列 $\{a_n\}$ の **初項 a_1** から **第 n 項 a_n** までの和を S_n とすると, S_n は第 n 項までの **部分和**, あるいは **第 n 部分和** と呼ばれます。無限級数がある値 S に収束するとき, S を **無限級数の和** と呼び, $\displaystyle\lim_{n\to\infty} S_n=S$, $\displaystyle\sum_{n=1}^{\infty} a_n=S$, $a_1+a_2+a_3+\cdots\cdots+a_n+\cdots\cdots=S$ のように書きます。

問題 ❶ $\displaystyle\sum_{n=1}^{\infty} \frac{1}{n(n+1)}$ を求めましょう。

$\dfrac{1}{n(n+1)}$ を部分分数に分解すると $\dfrac{1}{n(n+1)}=\dfrac{\boxed{}^{\text{ア}}}{n}-\dfrac{1}{n+1}$ だから

第 n 項までの部分和を S_n とすると

$$S_n=\frac{1}{1\cdot 2}+\frac{1}{2\cdot 3}+\frac{1}{3\cdot 4}+\cdots\cdots+\frac{1}{n(n+1)}$$

$$=\left(\frac{1}{1}-\frac{1}{2}\right)+\left(\frac{1}{2}-\frac{1}{3}\right)+\left(\frac{1}{3}-\frac{1}{4}\right)+\cdots\cdots+\left(\frac{1}{n}-\frac{1}{n+1}\right)$$

← それぞれの項が相殺される 式の特徴を押さえておく

$$=\boxed{}^{\text{イ}}-\frac{1}{n+1}$$

よって $\displaystyle\sum_{n=1}^{\infty} \frac{1}{n(n+1)}=\lim_{n\to\infty}\left(1-\frac{1}{n+1}\right)=\boxed{}^{\text{ウ}}$

無限級数については, 数列の極限値と同様に, 次のことが成り立ちます。

【無限級数の性質1】

無限級数 $\displaystyle\sum_{n=1}^{\infty} a_n$, $\displaystyle\sum_{n=1}^{\infty} b_n$ がともに収束し, $\displaystyle\sum_{n=1}^{\infty} a_n=S$, $\displaystyle\sum_{n=1}^{\infty} b_n=T$ であるとき

[1] $\displaystyle\sum_{n=1}^{\infty} ka_n=kS$ ただし, k は定数　　[2] $\displaystyle\sum_{n=1}^{\infty} (a_n\pm b_n)=S\pm T$ （複号同順）

【無限級数の性質2】

[1] $\displaystyle\sum_{n=1}^{\infty} a_n$ が収束するならば, $\displaystyle\lim_{n\to\infty} a_n=0$　　[2] $\displaystyle\lim_{n\to\infty} a_n\neq 0$ のとき, $\displaystyle\sum_{n=1}^{\infty} a_n$ は発散する

次の無限級数が収束するかどうかについて調べ，収束するときはその和を求めよ。

$$\sum_{n=1}^{\infty} \frac{1}{\sqrt{n}+\sqrt{n+1}}$$

ミス注意　左の無限級数の性質 2 ［1］で，「$\lim_{n \to \infty} a_n = 0$ であっても，$\sum_{n=1}^{\infty} a_n$ が収束するかどうかはわからない」ことに注意が必要です。例えば，$1+\dfrac{1}{2}+\dfrac{1}{3}+\cdots\cdots+\dfrac{1}{n}+\cdots\cdots$ は発散することがわかっています。

もっとくわしく　差の形をつくる

　無限級数には分数の形をした数列がよく出てきますが，その解法の多くは，式変形をすることで「差の形をつくる」ことがポイントになります。

　原理的には，$a_n = f(n+1) - f(n)$ で

$\quad S_n = a_n + a_{n-1} + a_{n-2} + \cdots\cdots + a_2 + a_1$

$\quad\quad = f(n+1) - f(n) + f(n) - f(n-1) + \cdots\cdots + f(3) - f(2) + f(2) - f(1)$

$\quad\quad = f(n+1) - f(1)$

がよく使われます。

フフー

こんなに
消えるの〜♡

13 無限等比級数の計算

初項が a，公比が r の無限等比数列からなる無限級数 $a+ar+ar^2+\cdots\cdots+ar^{n-1}+\cdots\cdots$ を，初項 a，公比 r の**無限等比級数**といいます。

無限等比級数は，初項と公比の値によって，収束，発散が決まります。

【無限等比級数 $a+ar+ar^2+\cdots\cdots+ar^{n-1}+\cdots\cdots$】

$a \neq 0$ のとき $\quad |r|<1$ ならば収束して，和は $\dfrac{a}{1-r}$

$\qquad\qquad\qquad |r|\geqq 1$ ならば，発散する

$a=0$ のとき $\quad$ 収束し，和は 0

問題 **1** 無限級数 $\displaystyle\sum_{n=1}^{\infty}\left(\dfrac{1}{2^n}+\dfrac{1}{4^n}\right)$ が収束することを確認して，その和を求めましょう。

$\displaystyle\sum_{n=1}^{\infty}\left(\dfrac{1}{2^n}+\dfrac{1}{4^n}\right)$ において，

$\displaystyle\sum_{n=1}^{\infty}\dfrac{1}{2^n}$ は，初項 $\dfrac{1}{2}$，公比 $\dfrac{1}{2}$ の無限等比級数だから，収束する。 $\quad\longleftarrow \left|\dfrac{1}{2}\right|<1$

$\displaystyle\sum_{n=1}^{\infty}\dfrac{1}{4^n}$ は，初項 $\dfrac{1}{4}$，公比 $\dfrac{1}{4}$ の無限等比級数だから，収束する。 $\quad\longleftarrow \left|\dfrac{1}{4}\right|<1$

したがって，2 つの無限等比級数はともに収束して，それぞれの和は

$\displaystyle\sum_{n=1}^{\infty}\dfrac{1}{2^n}=\dfrac{\dfrac{1}{2}}{1-\dfrac{1}{2}}=\dfrac{1}{2-1}=$ ⑦$\boxed{}$ $\quad\longleftarrow \dfrac{a}{1-r}$ に，初項 $a=\dfrac{1}{2}$，公比 $r=\dfrac{1}{2}$ を代入する

$\displaystyle\sum_{n=1}^{\infty}\dfrac{1}{4^n}=\dfrac{\dfrac{1}{4}}{1-\dfrac{1}{4}}=\dfrac{1}{4-1}=\dfrac{1}{3}$ $\quad\longleftarrow \dfrac{a}{1-r}$ に，初項 $a=\dfrac{1}{4}$，公比 $r=\dfrac{1}{4}$ を代入する

よって $\displaystyle\sum_{n=1}^{\infty}\left(\dfrac{1}{2^n}+\dfrac{1}{4^n}\right)=$ ④$\boxed{}$ $+\dfrac{1}{3}=\dfrac{4}{3}$

基本練習

→ 答えは別冊 5 ページ

無限級数 $\displaystyle\sum_{n=1}^{\infty}\left(\dfrac{3^n+4^n}{6^n}\right)$ が収束することを確認して，その和を求めよ。

😀 **ミス注意** $\displaystyle\sum_{n=1}^{\infty}\dfrac{1}{2^n}$ と $\displaystyle\sum_{n=1}^{\infty}\dfrac{1}{2^{n+1}}$ では，初項が異なるので計算結果も違ってくることに注意が必要です。

もっとくわしく 公比 r が $|r|<1$ の無限等比級数の和 $\dfrac{a}{1-r}$ を求める

$$S_n=a+ar+ar^2+\cdots\cdots+ar^{n-1}=\dfrac{a(1-r^n)}{1-r}=\dfrac{a}{1-r}-\dfrac{a}{1-r}r^n$$

$\dfrac{a}{1-r}$ は定数で，$|r|<1$ だから，$\displaystyle\lim_{n\to\infty}r^n=0$

よって $\displaystyle\lim_{n\to\infty}S_n=\dfrac{a}{1-r}$

14 無限等比級数の収束条件

13 で学習した無限等比級数の収束条件をまとめると，次のことが成り立ちます。

> 無限等比級数 $a+ar+ar^2+\cdots\cdots+ar^{n-1}+\cdots\cdots$ が収束する $\Longleftrightarrow a=0$ または $|r|<1$

ここでは，無限等比級数の収束条件を中心にみていきましょう。

> **問題❶** 次の無限等比級数が収束するような p の値の範囲と，そのときの和を求めましょう。
>
> (1) $1+(2-p)+(2-p)^2+\cdots\cdots+(2-p)^{n-1}+\cdots\cdots$
>
> (2) $p^2+p^2(1-p)+p^2(1-p)^2+\cdots\cdots+p^2(1-p)^{n-1}+\cdots\cdots$

(1) この無限等比数列の初項は 1，公比は $2-p$ だから，収束するための条件は

$$|2-p|<\boxed{}\quad \text{より}\qquad \longleftarrow \text{初項は1なので，公比の条件だけで考える}$$

$$-1<2-p<1 \qquad \longleftarrow |r|<1 \Longleftrightarrow -1<r<1 \text{で，} r \text{に} 2-p \text{を代入する}$$

すなわち $-1<p-2<1$

$\qquad 1<p<3$

このとき，無限等比級数の和は

$$\frac{1}{1-(2-p)}=\frac{1}{p-1}\qquad \longleftarrow \frac{a}{1-r} \text{で，} a=1, r=2-p \text{を代入する}$$

(2) この無限等比数列の初項は p^2，公比は $\boxed{}-p$ だから，収束するための条件は

$$p^2=0 \quad \text{または} \quad |1-p|<1 \qquad \longleftarrow \text{初項が} p^2，\text{公比が} 1-p \text{なので，それぞれの条件だけで考える}$$

（ア） $p^2=0$ のとき $p=0$

（イ） $|1-p|<1$ のとき，$-1<1-p<1$ より

$\qquad -1<p-1<1$

すなわち $0<p<2$

よって，求める p の値の範囲は，（ア）または（イ）が成り立つことなので

$$0\leqq p<\boxed{}\qquad \longleftarrow p=0 \text{または} 0<p<2 \text{なので，} 0\leqq p<2 \text{となる}$$

また，このときの和は $\dfrac{p^2}{1-(1-p)}=p$

これは，$p=0$ のときを含む。

基 本 練 習

答えは別冊 5 ページ

無限等比級数 $x+x(1-x^2)+x(1-x^2)^2+\cdots\cdots+x(1-x^2)^{n-1}+\cdots\cdots$ が収束するような x の値の範囲と，そのときの和を求めよ。

もっと 🔍 くわしく　循環小数と無限等比級数

$\dfrac{1}{3}$ は，$\dfrac{1}{3}=0.33333\cdots\cdots=0.\dot{3}$ のように表される循環小数である一方で

$$0.3333\cdots\cdots=\frac{3}{10}+\frac{3}{10^2}+\frac{3}{10^3}+\cdots\cdots+\frac{3}{10^n}+\cdots\cdots$$

のように表せることから，初項 $\dfrac{3}{10}$，公比 $\dfrac{1}{10}$ の無限等比級数の和でもあり，

$$\frac{\dfrac{3}{10}}{1-\dfrac{1}{10}}=\frac{3}{9}=\frac{1}{3}$$

と考えることもできます。

15 関数の極限

関数 $f(x)$ において，x が a と異なる値を取りながら a に近づくとき，$f(x)$ の値が一定の値 α に限りなく近づくならば，この値 α を $x \longrightarrow a$ のときの $f(x)$ の **極限値** または **極限** といい，

$$\lim_{x \to a} f(x) = \alpha \quad \text{または} \quad x \longrightarrow a \text{ のとき} \quad f(x) \longrightarrow \alpha$$

のように表し，$f(x)$ は α に **収束** するといいます。関数の極限については，数列の極限と同様の性質をもちます。

【関数の極限の性質】

$\lim_{x \to a} f(x) = \alpha$，$\lim_{x \to a} g(x) = \beta$ ならば

[1] $\lim_{x \to a} kf(x) = k\alpha$ （ただし，k は定数）

[2] $\lim_{x \to a} \{f(x) + g(x)\} = \alpha + \beta$，$\lim_{x \to a} \{f(x) - g(x)\} = \alpha - \beta$

[3] $\lim_{x \to a} f(x)g(x) = \alpha\beta$ [4] $\beta \neq 0$ のとき，$\lim_{x \to a} \dfrac{f(x)}{g(x)} = \dfrac{\alpha}{\beta}$

一般に，これまでに学習した基本的な関数 $f(x)$ の多くで，α が関数 $f(x)$ の定義域内であれば，$\lim_{x \to a} f(x) = f(a)$ が成り立ちます。例えば

$$\lim_{x \to 1}(x+2) = 1+2 = 3, \quad \lim_{x \to 3}(x^2+2x) = 3^2+2 \cdot 3 = 15$$

一方，極限値の定義から，関数 $f(x)$ が $x=a$ で定義されなくても，$x \longrightarrow a$ のときの極限値が存在する場合があります。

例えば，$f(x) = \dfrac{x^2-4}{x-2}$ において，定義域は $x \neq 2$ となりますが，

$$\lim_{x \to 2}\frac{x^2-4}{x-2} = \lim_{x \to 2}\frac{(x+2)(x-2)}{x-2} = \lim_{x \to 2}(x+2) = 4$$

となります。このように，$x \longrightarrow a$ の a が定義域内に含まれないときに極限値を求める場合は，約分や有理化等の式変形をする必要があります。

問題 ❶ $\lim_{x \to 0} \dfrac{\sqrt{x+9}-3}{x}$ の値を求めましょう。

$$\lim_{x \to 0}\frac{\sqrt{x+9}-3}{x} = \lim_{x \to 0}\frac{(\sqrt{x+9}-3)(\sqrt{x+9}+3)}{x(\sqrt{x+9}+3)}$$

← 不定形の解消のために，有理化します！

$$= \lim_{x \to 0}\frac{x+9-9}{x(\sqrt{x+9}+3)} = \lim_{x \to 0}\frac{1}{\sqrt{x+9}+3} = \boxed{}^{ア}$$

基本練習

→ 答えは別冊 5 ページ

次の極限値を求めよ。

(1) $\displaystyle \lim_{x \to 1} \frac{x^2 - 1}{x^2 + x - 2}$

(2) $\displaystyle \lim_{x \to 1} \frac{\sqrt{x} - 1}{x - 1}$

 ミス注意 極限が ∞，または $-\infty$ のとき，これらを極限値とはいいません。

もっとくわしく 極限が発散する場合

関数 $f(x)$ において，x が限りなく a に近づくとき，$f(x)$ の値が正で限りなく大きくなるならば，$f(x)$ は正の無限大に発散するまたは $f(x)$ の極限は正の無限大であるといい，次のように表します。

$$\lim_{x \to a} f(x) = \infty \quad \text{または} \quad x \longrightarrow a \text{ のとき} \quad f(x) \longrightarrow \infty$$

関数 $f(x)$ において，x が限りなく a に近づくとき，$f(x)$ の値が負で限りなく小さくなるならば，$f(x)$ は負の無限大に発散するまたは $f(x)$ の極限は負の無限大であるといい，次のように表します。

$$\lim_{x \to a} f(x) = -\infty \quad \text{または} \quad x \longrightarrow a \text{ のとき} \quad f(x) \longrightarrow -\infty$$

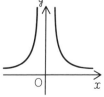

16 ある極限値をとる関数の決定

関数の極限②

$\lim_{x \to a} f(x) = \alpha$ か，または $\lim_{x \to a} f(x) = \pm\infty$ であれば，$x \longrightarrow a$ のとき
の**極限は存在する**といいます。そうでないならば，**極限は存在しない**
といいます。

　一般に，分母 $\longrightarrow 0$ となる関数に極限値が存在するとき，分
子 $\longrightarrow 0$ となります。

【関数の極限の性質】

[5] 　$\lim_{x \to a} \dfrac{f(x)}{g(x)} = \alpha$，$\lim_{x \to a} g(x) = 0$ ならば　$\lim_{x \to a} f(x) = 0$

問題❶　$\lim_{x \to 1} \dfrac{x^2 + ax + b}{x - 1} = 1$ となるように，a，b の値を定めましょう。

分母 $\longrightarrow 0$ のときに極限値が存在するから，

$$\lim_{x \to 1} (x^2 + ax + b) = \boxed{}^{❼}$$

すなわち　$1 + a + b = 0$

このとき　$b = -a - 1$　……①

①を $x^2 + ax + b$ に代入すると

$\quad x^2 + ax + b = x^2 + ax - a - 1$

$\qquad\qquad\qquad = a(x - 1) + x^2 - 1$ 　←── $x^2 - 1 = (x-1)(x+1)$ だから，
$\qquad\qquad\qquad\qquad\qquad\qquad\qquad\qquad x - 1$ という共通因数ができた

$\qquad\qquad\qquad = (x - 1)(a + x + 1)$

だから　$\lim_{x \to 1} \dfrac{x^2 + ax + b}{x - 1} = \lim_{x \to 1} \dfrac{(x - 1)(a + x + 1)}{x - 1}$

$\qquad\qquad\qquad\qquad\qquad = \lim_{x \to 1} (a + x + 1) = a + 2$

よって，$a + 2 = 1$ のとき，$\lim_{x \to 1} \dfrac{x^2 + ax + b}{x - 1} = 1$ となるから　$a = \boxed{}^{❶}$

このとき，①から　$b = \boxed{}^{❷}$

😊 ㊗　$a = -1$，$b = 0$ のとき，$\lim_{x \to 1} \dfrac{x^2 - x}{x - 1} = \lim_{x \to 1} \dfrac{x(x - 1)}{x - 1} = \lim_{x \to 1} x = 1$

036

$\displaystyle \lim_{x \to 2} \frac{a\sqrt{x+2}+b}{x-2}=1$ となるように，a，b の値を定めよ。

もっと くわしく　$\displaystyle \lim_{x \to a} \frac{f(x)}{g(x)}=\alpha$, $\displaystyle \lim_{x \to a} g(x)=0$ ならば $\displaystyle \lim_{x \to a} f(x)=0$

関数の極限の性質［5］の証明は，次のようになります。

$\displaystyle \lim_{x \to a} \frac{f(x)}{g(x)}=\alpha$, $\displaystyle \lim_{x \to a} g(x)=0$ のとき

$$\lim_{x \to a} f(x)=\lim_{x \to a}\left\{\frac{f(x)}{g(x)} \cdot g(x)\right\}=\lim_{x \to a} \frac{f(x)}{g(x)} \cdot \lim_{x \to a} g(x)=\alpha \cdot 0=0$$

17 片側からの極限

15 で学習したように，関数 $f(x)$ が $x=a$ で定義されなくても，$x \longrightarrow a$ のときの極限値が存在する場合があります。しかし，次のような場合には，極限値は存在しません。

⑳ $f(x)=\dfrac{x^2-x}{|x|}$ の定義域は $x \neq 0$

$x>0$ のとき $f(x)=\dfrac{x^2-x}{|x|}=\dfrac{x^2-x}{x}=x-1$

$x<0$ のとき $f(x)=\dfrac{x^2-x}{|x|}=\dfrac{x^2-x}{-x}=-x+1$

よって，グラフは右の図のようであり，

$x>0$ の範囲で，x を 0 に近づけると，$f(x) \longrightarrow -1$

$x<0$ の範囲で，x を 0 に近づけると，$f(x) \longrightarrow 1$

したがって，$x \longrightarrow 0$ のときの $f(x)$ の極限値は存在しない。

上の例では $x \longrightarrow 0$ は存在しませんでしたが，x を正の方向から 0 に近づけたときや，負の方向から 0 に近づけたときの極限値は存在しました。このように，x を1つの方向だけから近づけて得られた極限値を**片側極限**といいます。とくに

$x>a$ の範囲で x が a に近づくときの極限値を**右側極限**

$x<a$ の範囲で x が a に近づくときの極限値を**左側極限**

といい，それぞれ右のように書き表します。

> 【片側極限】
> 右側極限：$\displaystyle\lim_{x \to a+0} f(x)=\alpha$
> 左側極限：$\displaystyle\lim_{x \to a-0} f(x)=\beta$

問題 ❶ 次の片側極限の値をそれぞれ求めましょう。

(1) $\displaystyle\lim_{x \to +0}\dfrac{x^2}{|x|}$ (2) $\displaystyle\lim_{x \to -0}\dfrac{x^2}{|x|}$ (3) $\displaystyle\lim_{x \to 1-0}\dfrac{x^2-1}{|x-1|}$ (4) $\displaystyle\lim_{x \to 1+0}\dfrac{x^2-1}{|x-1|}$

---

(1) $\displaystyle\lim_{x \to +0}\dfrac{x^2}{|x|}=\lim_{x \to +0}\dfrac{x^2}{x}=\lim_{x \to +0}x=$ ㋐ ⬜

(2) $\displaystyle\lim_{x \to -0}\dfrac{x^2}{|x|}=\lim_{x \to -0}\dfrac{x^2}{-x}=\lim_{x \to -0}(-x)=$ ㋑ ⬜   ⬅ $x \longrightarrow -0$ のときは，$x<0$ として扱うので，$|x|=-x$ であることに注意する

(3) $\displaystyle\lim_{x \to 1-0}\dfrac{x^2-1}{|x-1|}=\lim_{x \to 1-0}\dfrac{(x+1)(x-1)}{-(x-1)}=\lim_{x \to 1-0}\{-(x+1)\}=$ ㋒ ⬜

⬆ $x \longrightarrow 1-0$ のときは，$x<1$ として扱うので，$x-1<0$ となる

(4) $\displaystyle\lim_{x \to 1+0}\dfrac{x^2-1}{|x-1|}=\lim_{x \to 1+0}\dfrac{(x+1)(x-1)}{x-1}=\lim_{x \to 1+0}(x+1)=$ ㋓ ⬜

⬆ $x \longrightarrow 1+0$ のときは，$x>1$ として扱うので，$x-1>0$ となる

答えは別冊 6 ページ

次の片側極限の値をそれぞれ求めよ。

(1) $\displaystyle\lim_{x \to +0} \frac{x^2 - |x|}{|x|}$

(2) $\displaystyle\lim_{x \to -0} \frac{x^2 - |x|}{|x|}$

 右側極限 $x \longrightarrow a+0$ と左側極限 $x \longrightarrow a-0$ が一致するとき，$x \longrightarrow a$ の極限は存在します。

もっとくわしく 一般の極限と片側極限の関係

一般の極限と片側極限の関係をまとめると，次のようになります。

$$\lim_{x \to a} f(x) = \alpha \iff \lim_{x \to a+0} f(x) = \lim_{x \to a-0} f(x) = \alpha$$

$x \longrightarrow a$ における a が $f(x)$ の定義域内であれば，$f(x)$ の極限の存在は明らかだから，$x \longrightarrow a+0$，$x \longrightarrow a-0$ を調べるようなことはしません。ただし，a が $f(x)$ の定義域に含まれないような場合には注意が必要です。

18 $x \longrightarrow \infty,\ x \longrightarrow -\infty$ の極限値

変数 x が限りなく大きくなることを $x \longrightarrow \infty$ と表します。一方，変数 x が限りなく小さくなることを $x \longrightarrow -\infty$ と表します。一般に，$x \longrightarrow \infty$ のときの $f(x)$ の値が一定の値 α に限りなく近づくときの α を，$x \longrightarrow \infty$ のときの $f(x)$ の極限値または極限といい $\displaystyle\lim_{x\to\infty} f(x)=\alpha$ と書きます。

$x \longrightarrow \pm\infty$ の極限の計算では，x の逆数の形をとる

ように式変形して $\dfrac{1}{x} \longrightarrow 0$ ← これは無条件で認める

> $x \longrightarrow \pm\infty$ のとき $\dfrac{1}{x} \longrightarrow 0$

として計算を進めていきましょう。ただし，$x \longrightarrow -\infty$ の計算はとくに注意が必要です。

$x \longrightarrow \infty$ のとき，$\dfrac{定数}{\infty} \longrightarrow 0$，$\dfrac{定数}{\infty \pm 定数} \longrightarrow 0$，$\infty \times (負の定数) \longrightarrow -\infty$

なども，無条件で認めます。当然，$\infty \times \infty \longrightarrow \infty$ が成り立ちます。

例 $\displaystyle\lim_{x\to\infty}\dfrac{a}{x^2}=0$ $\qquad$ $\displaystyle\lim_{x\to\infty}(x-x^2)=\lim_{x\to\infty}x^2\left(\dfrac{1}{x}-1\right)=-\infty$ $\qquad$ $\displaystyle\lim_{x\to-\infty}(x+x^2)=\lim_{x\to-\infty}x^2\left(\dfrac{1}{x}+1\right)=\infty$

問題 ① 次の極限値を求めましょう。

(1) $\displaystyle\lim_{x\to-\infty}\dfrac{2x^2+3x-4}{x^2+2x+3}$ $\qquad$ (2) $\displaystyle\lim_{x\to\infty}(\sqrt{x^2+x}-x)$

---

(1) $\displaystyle\lim_{x\to-\infty}\dfrac{2x^2+3x-4}{x^2+2x+3}=\lim_{x\to-\infty}\dfrac{\dfrac{2x^2+3x-4}{x^2}}{\dfrac{x^2+2x+3}{x^2}}$ ← 不定形の分数式は，分母の最高次の項で割る

$$=\lim_{x\to-\infty}\dfrac{2+\dfrac{3}{x}-\dfrac{4}{x^2}}{1+\dfrac{2}{x}+\dfrac{3}{x^2}}= \boxed{}\ ⑦$$

(2) $\displaystyle\lim_{x\to\infty}(\sqrt{x^2+x}-x)=\lim_{x\to\infty}\dfrac{(\sqrt{x^2+x}-x)(\sqrt{x^2+x}+x)}{\sqrt{x^2+x}+x}$ ← 有理化して，不定形の解消を目指す

$=\displaystyle\lim_{x\to\infty}\dfrac{x}{\sqrt{x^2+x}+x}=\lim_{x\to\infty}\dfrac{x}{x\sqrt{\dfrac{x^2+x}{x^2}}+x}$ ← $a>0$ のとき，$\sqrt{2a^2}=a\sqrt{2}$ のような変形ができる

$=\displaystyle\lim_{x\to\infty}\dfrac{1}{\sqrt{1+\dfrac{1}{x}}+1}= \boxed{}\ ④$

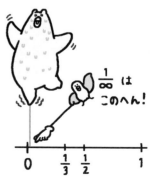

$\dfrac{1}{\infty}$ はこのへん！

040

次の極限値を求めよ。

(1) $\displaystyle\lim_{x \to -\infty} \frac{x^2-4}{2x^2+3x+4}$

(2) $\displaystyle\lim_{x \to -\infty} (\sqrt{x^2+x}+x)$

もっと くわしく　$x \to -\infty$ の極限の計算

$x \longrightarrow -\infty$ の極限値を求めるときは，$x=-t$ で置き換えることもミスを防ぐために有効な方法です。

$x \longrightarrow -\infty$ なら $t \longrightarrow \infty$ となることに気をつけて，$x=-t$ で置き換えた次の計算をみてみましょう。

$$\lim_{x \to -\infty} \frac{x}{\sqrt{x^2+x}-x} = \lim_{t \to \infty} \frac{-t}{\sqrt{(-t)^2+(-t)}-(-t)} = \lim_{t \to \infty} \frac{-t}{\sqrt{t^2-t}+t}$$

$$= \lim_{t \to \infty} \frac{-t}{t\sqrt{1-\dfrac{1}{t}}+t} = \lim_{t \to \infty} \frac{-1}{\sqrt{1-\dfrac{1}{t}}+1} = -\frac{1}{2}$$

19 指数関数と対数関数の極限

指数関数・対数関数の極限

指数関数と対数関数の極限については，次のことがいえます。

【指数関数の極限】

$y=a^x$ において，x の定義域は実数全体であり

$a>1$ のとき　$\displaystyle\lim_{x\to\infty}a^x=\infty,\ \lim_{x\to-\infty}a^x=0$

$0<a<1$ のとき　$\displaystyle\lim_{x\to\infty}a^x=0,\ \lim_{x\to-\infty}a^x=\infty$

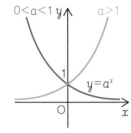

【対数関数の極限】

$y=\log_a x$ において，x の定義域は $x>0$ であり

$a>1$ のとき　$\displaystyle\lim_{x\to\infty}\log_a x=\infty,\ \lim_{x\to+0}\log_a x=-\infty$

$0<a<1$ のとき　$\displaystyle\lim_{x\to\infty}\log_a x=-\infty,\ \lim_{x\to+0}\log_a x=\infty$

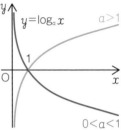

問題 ❶　次の極限値を求めましょう。

(1) $\displaystyle\lim_{x\to\infty}3^{-2x}$　　(2) $\displaystyle\lim_{x\to\infty}\log_4\frac{2x+1}{x}$　　(3) $\displaystyle\lim_{x\to\infty}(5^x-4^x)$

---

(1) $\displaystyle\lim_{x\to\infty}3^{-2x}$ において，$x\longrightarrow\infty$ のとき，$-2x\longrightarrow-\infty$ だから

$$\lim_{x\to\infty}3^{-2x}=\boxed{}^{⑦}$$

(2) $\displaystyle\lim_{x\to\infty}\log_4\frac{2x+1}{x}$ において，$\dfrac{2x+1}{x}=2+\dfrac{1}{x}$ だから

$x\longrightarrow\infty$ のとき　$\dfrac{2x+1}{x}\longrightarrow\boxed{}^{④}$

よって　$\displaystyle\lim_{x\to\infty}\log_4\frac{2x+1}{x}=\lim_{x\to\infty}\log_4\left(2+\frac{1}{x}\right)=\log_4 2=\frac{\log_2 2}{\log_2 4}=\frac{1}{2}$

(3) $\displaystyle\lim_{x\to\infty}(5^x-4^x)$ において　$5^x-4^x=5^x\left(1-\dfrac{4^x}{5^x}\right)=5^x\left\{1-\left(\dfrac{4}{5}\right)^x\right\}$ で，$\left|\dfrac{4}{5}\right|<1$ だから

$x\longrightarrow\infty$ のとき　$5^x=\infty,\ 1-\left(\dfrac{4}{5}\right)^x=1$

よって　$\displaystyle\lim_{x\to\infty}(5^x-4^x)=\boxed{}^{⑨}$

基 本 練 習

→ 答えは別冊 6 ページ

次の極限値を求めよ。

(1) $\displaystyle\lim_{x\to\infty}\dfrac{2^x}{2^x+2^{-x}}$

(2) $\displaystyle\lim_{x\to\infty}\{\log_2(4x+1)-\log_2(2x+1)\}$

もっと 💡 くわしく $\displaystyle\lim_{x\to\pm\infty}\dfrac{2^x-2^{-x}}{2^x+2^{-x}}$ を調べてみる

$\displaystyle\lim_{x\to\infty}\dfrac{2^x-2^{-x}}{2^x+2^{-x}}=\lim_{x\to\infty}\dfrac{1-2^{-2x}}{1+2^{-2x}}$ で，$x\longrightarrow\infty$ のとき，$2^{-2x}\longrightarrow0$ だから

$\displaystyle\lim_{x\to\infty}\dfrac{2^x-2^{-x}}{2^x+2^{-x}}=\dfrac{1-0}{1+0}=1$

$\displaystyle\lim_{x\to-\infty}\dfrac{2^x-2^{-x}}{2^x+2^{-x}}=\lim_{x\to-\infty}\dfrac{2^{2x}-1}{2^{2x}+1}$ で，$x\longrightarrow-\infty$ のとき，$2^{2x}\longrightarrow0$ だから

$\displaystyle\lim_{x\to-\infty}\dfrac{2^x-2^{-x}}{2^x+2^{-x}}=\dfrac{0-1}{0+1}=-1$

2^{-2x}

マ、マイナス 2x 乗!?

$=\dfrac{1}{2^{2x}}$ なんだよ

043

20 三角関数の極限

三角関数 $y=\sin x$ や $y=\cos x$ においては，y が常に -1 と 1 の間の値を繰り返しとることから，一定の値に近づくことがありません。したがって，$\sin x$ と $\cos x$ は，$x \longrightarrow \infty$ のとき極限はないということになります。ところが，$\sin x$ や $\cos x$ を含む関数では極限をもつことがあります。これを調べるのによく用いられるのが，次の関数の極限の性質です。

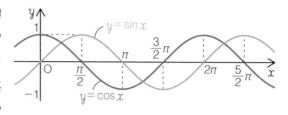

【関数の極限の性質】

$\displaystyle\lim_{x \to a} f(x)=\alpha$，$\displaystyle\lim_{x \to a} g(x)=\beta$ とする。

[6] x が a に近いとき，常に $f(x) \leqq g(x)$ ならば　$\alpha \leqq \beta$

[7] x が a に近いとき，常に $f(x) \leqq h(x) \leqq g(x)$ かつ $\alpha=\beta$ ならば　$\displaystyle\lim_{x \to a} h(x)=\alpha$

とくに，[7] は関数における**はさみうちの原理**として知られる重要な定理です。

問題 ①　次の極限値を求めましょう。

(1) $\displaystyle\lim_{x \to \infty} \sin \dfrac{1}{x}$　　(2) $\displaystyle\lim_{x \to 0} x \sin \dfrac{1}{x}$

---

(1) $x \longrightarrow \infty$ のとき，$\dfrac{1}{x} \longrightarrow 0$ だから　$\displaystyle\lim_{x \to \infty} \sin \dfrac{1}{x}=\sin 0=$ ^⑦◻

(2) $x \longrightarrow 0$ のとき，$x=0$ は明らかですが，$\sin \dfrac{1}{x}$ は極限が定まりません。

そこで，はさみうちの原理を用いて考えていきましょう。

$\left|\sin \dfrac{1}{x}\right|$ の範囲は　$0 \leqq \left|\sin \dfrac{1}{x}\right| \leqq 1$ ←── まずは，はさみうちの原型をつくる

この不等式の辺々に x を掛けると　$0 \leqq \left|x \sin \dfrac{1}{x}\right| \leqq |x|$ ←── 目標の式を真ん中においてはさみこむ形ができた

ここで　$\displaystyle\lim_{x \to 0} |x|=0$

したがって，はさみうちの原理により　$\displaystyle\lim_{x \to 0} \left|x \sin \dfrac{1}{x}\right|=$ ^④◻

よって　$\displaystyle\lim_{x \to 0} x \sin \dfrac{1}{x}=$ ^⑨◻

基 本 練 習

→ 答えは別冊 6 ページ

次の極限値を求めよ。

(1) $\displaystyle \lim_{x \to 0} x \cos \frac{1}{x}$

(2) $\displaystyle \lim_{x \to \infty} \frac{\sin x}{x}$

もっとくわしく **周期関数とはさみうちの原理**

周期関数 $\sin \theta$, $\cos \theta$ のような関数のとる値が有限の値の範囲であって，振動することで無限大に発散しないような関数を含む極限の計算では，比較的大小関係が作りやすいので，はさみこむのも難しくはありません。

21 $\sin\theta/\theta$ の極限

三角関数の極限②

三角関数 $\sin\theta$ を含む関数では，はさみうちの原理を用いて，次の重要な等式が成り立ちます。

$$\lim_{\theta\to 0}\frac{\sin\theta}{\theta}=1$$

> **問題 ❶**　$\displaystyle\lim_{\theta\to 0}\frac{\sin\theta}{\theta}=1$ を用いて，$\displaystyle\lim_{\theta\to 0}\frac{\sin 2\theta}{\theta}$ を求めましょう。

$\displaystyle\lim_{\theta\to 0}\frac{\sin 2\theta}{\theta}$ において，$2\theta=t$ とおくと，$\theta\longrightarrow 0$ のとき，$t\longrightarrow 0$ で

$$\lim_{\theta\to 0}\frac{\sin 2\theta}{\theta}=\lim_{t\to 0}\frac{\sin t}{\dfrac{t}{2}}=\lim_{t\to 0}\boxed{}^{❼}\cdot\frac{\sin t}{t}=\boxed{}^{❼}\lim_{t\to 0}\frac{\sin t}{t}=\boxed{}^{❶}$$

冒頭の等式の証明は，次のようになります。

[証明]　$0<\theta<\dfrac{\pi}{2}$ のとき，右の図のように，半径が 1，中心角が θ ラジアンの扇形 OAB の点 A における円の接線と直線 OB の交点を T とすると，面積について

$$\triangle\text{OAB}<\text{扇形 OAB}<\triangle\text{OAT}\quad\longleftarrow\ \substack{\text{図形の量的な関係から}\\\text{まずは大小関係を押さえる}}$$

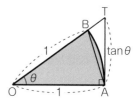

が成り立つ。

ここで，半径 r，中心角 θ ラジアンの扇形 OAB の面積が $\dfrac{1}{2}\cdot r^2\theta$ であることに注意すると

$$\frac{1}{2}\cdot 1^2\cdot\sin\theta<\frac{1}{2}\cdot 1^2\cdot\theta<\frac{1}{2}\cdot 1\cdot\tan\theta\quad\text{すなわち}\quad \sin\theta<\theta<\frac{\sin\theta}{\cos\theta}$$

$\sin\theta>0$ であることに注意して，辺々を $\sin\theta$ で割ると　$1<\dfrac{\theta}{\sin\theta}<\dfrac{1}{\cos\theta}$

よって　$\cos\theta<\dfrac{\sin\theta}{\theta}<1$　……①　$\longleftarrow$ 逆数をとると大小関係は逆転する

$\theta\longrightarrow +0$ のとき，$\cos\theta=1$ だから，はさみうちの原理により　$\displaystyle\lim_{\theta\to +0}\frac{\sin\theta}{\theta}=1$

$-\dfrac{\pi}{2}<\theta<0$ のとき，$\theta=-t$ とおくと，$0<t<\dfrac{\pi}{2}$ だから　$\longleftarrow$ $\substack{\theta>0\ \text{を前提として考えていたので，}\\\text{一般の }\theta\text{ で公式が成り立つことを示す}}$

$$\lim_{\theta\to 0}\frac{\sin\theta}{\theta}=\lim_{t\to +0}\frac{\sin(-t)}{-t}=\lim_{t\to +0}\frac{\sin t}{t}=1\quad\text{（証明終）}$$

基本練習

➡ 答えは別冊 7 ページ

次の極限値を求めよ。

(1) $\displaystyle\lim_{\theta \to 0} \frac{\sin 2\theta}{\sin 3\theta}$

(2) $\displaystyle\lim_{\theta \to 0} \frac{\tan \theta}{\theta}$

もっとくわしく　三角関数の極限のいろいろな計算

三角関数を含む極限の計算では，$\displaystyle\lim_{\theta \to 0} \frac{\sin \theta}{\theta} = 1$ に帰着させて求めることが基本となります。その一例として

$\displaystyle\lim_{\theta \to 0} \frac{\cos \theta - 1}{\theta}$ を求めてみましょう。$\dfrac{\sin \theta}{\theta}$ の形をどこかにつくり出すことを目標に式変形をしていきます。

$$\frac{\cos \theta - 1}{\theta} = \frac{(\cos \theta - 1)(\cos \theta + 1)}{\theta (\cos \theta + 1)} = \frac{\cos^2 \theta - 1}{\theta(\cos \theta + 1)} = \frac{-\sin^2 \theta}{\theta(\cos \theta + 1)} = -\frac{\sin \theta}{\theta} \cdot \frac{\sin \theta}{\cos \theta + 1}$$

したがって

$$\lim_{\theta \to 0} \frac{\cos \theta - 1}{\theta} = \lim_{\theta \to 0}\left(-\frac{\sin \theta}{\theta} \cdot \frac{\sin \theta}{\cos \theta + 1}\right) = -\lim_{\theta \to 0} \frac{\sin \theta}{\theta} \cdot \lim_{\theta \to 0} \frac{\sin \theta}{\cos \theta + 1}$$

$$= -1 \cdot \frac{0}{1 + 1} = 0$$

22 関数の連続性

一般に，関数 $f(x)$ において，その定義域内の x の値 a に対して，極限値 $\lim\limits_{x \to a} f(x)$ が存在し，かつ $\lim\limits_{x \to a} f(x) = f(a)$ が成り立つとき，$f(x)$ は $x=a$ で<u>連続</u>であるといいます。

また，不等式 $a < x < b$，$a \leqq x \leqq b$，$a \leqq x$，$x < b$ などを表す実数全体の集合を<u>区間</u>といい，次のように表されます。

$a < x < b \Longleftrightarrow (a, b)$，$a \leqq x \leqq b \Longleftrightarrow [a, b]$，$a \leqq x \Longleftrightarrow [a, \infty)$，$x < b \Longleftrightarrow (-\infty, b)$

特に，区間 (a, b) は<u>開区間</u>，区間 $[a, b]$ は<u>閉区間</u>と呼ばれます。実数全体は，$(-\infty, \infty)$ のように書き表されます。

関数 $f(x)$ がある区間のすべての x で連続であるとき，$f(x)$ はその<u>区間で連続</u>であるといい，定義域内のすべての x の値で連続な関数を<u>連続関数</u>といいます。逆に，関数 $f(x)$ が定義域内の $x=a$ で連続でなければ，**$x=a$ で不連続**であり，$f(x)$ のグラフは，$x=a$ で切れていることになります。

問題❶ 次のように定められた関数が，実数全体で連続かどうか調べましょう。

$$f(x) = \begin{cases} \dfrac{x^2-1}{x-1} & (x \neq 1) \\ 0 & (x=1) \end{cases}$$

関数の定義より $f(1)=0$ ……① ← 関数の定義から，定義域は実数全体

一方，$x \neq 1$ のとき $\dfrac{x^2-1}{x-1} = \dfrac{(x+1)(x-1)}{x-1}$

$= x+1$

だから $\lim\limits_{x \to 1} \dfrac{x^2-1}{x-1} = \lim\limits_{x \to 1}(x+1)$

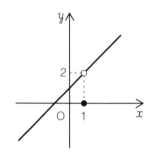

$= \boxed{}^{\text{❼}} + 1 = \boxed{}^{\text{❹}}$ ……②

①，②より $\lim\limits_{x \to 1} f(x) \neq f(1)$

よって，$x=1$ で $f(x)$ は不連続である。 ← 定義域でないところで連続でないとしても不連続とはいわない

😀 関数 $f(x)$ と $g(x)$ がともに $x=a$ で連続ならば，次の関数も $x=a$ で連続です。

[1] $sf(x)+tg(x)$ （s, t は定数） [2] $f(x)g(x)$ [3] $\dfrac{f(x)}{g(x)}$ （ただし，$g(x) \neq 0$）

次の関数 $f(x)$ が，$x=2$ で連続であるように，定数 a の値を定めよ。

$$f(x)=\begin{cases} \dfrac{x^2-4}{x-2} & (x\neq2) \\[2mm] a & (x=2) \end{cases}$$

 関数の連続性は，与えられた定義域でいくらでも変化します。

もっとくわしく　ガ ウ ス 記 号

実数 x に対して，x を超えない最大の整数を $[x]$ で表します。

このとき，記号 $[\ ]$ を**ガウス記号**といいます。

例えば，$[1.2]=1$，$[-0.1]=-1$ であり，一般化すれば

n を整数として　$n\leq x<n+1 \iff [x]=n$

のように表され，そのグラフは右の図のようになります。

$[x]$ は，x が正の数のとき x について小数点以下の切り捨てを表すと考えるとイメージしやすいでしょう。

関数 $y=[x]$ の定義域は実数全体ですが，その連続性は

　　　$x=n$ で常に不連続，$[n,\ n+1)$ で連続

となります。

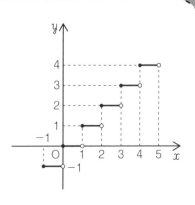

23 中間値の定理

閉区間で連続な関数については，その区間で最大値，最小値を必ずもちます。このことから，**中間値の定理**と呼ばれる次の定理が成り立ちます。

【中間値の定理】

関数 $f(x)$ が閉区間 $[a, b]$ で連続で，$f(a) \neq f(b)$ ならば，$f(a)$ と $f(b)$ の間の任意の値 k に対して

$$f(c)=k, \quad a<c<b$$

を満たす実数 c が少なくとも1つある。

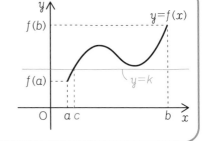

このことから，方程式の実数解に関する重要な事実が導かれます。

関数 $f(x)$ が閉区間 $[a, b]$ で連続で，$f(a)$ と $f(b)$ の符号が異なるならば，方程式 $f(x)=0$ は，$a<x<b$ の範囲に少なくとも1つ実数解をもつ。

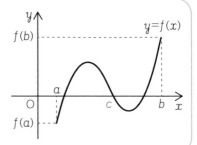

問題① 方程式 $x=\cos x$ が，$0<x<\dfrac{\pi}{2}$ の範囲に少なくとも1つの実数解をもつことを示しましょう。

$x=\cos x$ は $x-\cos x=0$ と同値である。

そこで，$f(x)=x-\cos x$ とおくと，$f(x)$ は閉区間 $\left[0, \dfrac{\pi}{2}\right]$ で連続であり

$$f(0)=-1<0$$

$$f\left(\frac{\pi}{2}\right)=\frac{\pi}{2}-\boxed{}^{❼}>0 \quad \leftarrow \text{\small $y=x$, $y=\cos x$ のグラフが，右のようになることからも実数解を1つもつことがわかる}$$

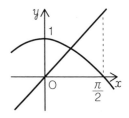

したがって，方程式 $f(x)=0$ すなわち $x=\cos x$ は，$0<x<\dfrac{\pi}{2}$ に少なくとも1つの実数解をもつ。

基本練習

→ 答えは別冊7ページ

方程式 $3^x = 4x$ が，$1 < x < 2$ の範囲に少なくとも1つの実数解をもつことを示せ。

復習テスト ①

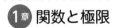→ 答えは別冊19〜22ページ

1章 関数と極限

1

(1) 曲線 $y=\sqrt{2x+4}$ は，$y=\sqrt{2x}$ を x 軸方向に $\boxed{アイ}$ だけ平行移動したものである。この曲線と直線 $y=x-1$ の共有点の x 座標を求めると，$x=\boxed{ウ}+\sqrt{\boxed{エ}}$ である。

このことを利用して，不等式 $\sqrt{2x+4} \geqq x-1$ を解くと

$$\boxed{オカ} \leqq x \leqq \boxed{キ}+\sqrt{\boxed{ク}}$$

である。

(2) 関数 $f(x)=\dfrac{x+2}{2x-1}$ の逆関数は，$f^{-1}(x)=\dfrac{x+\boxed{ケ}}{\boxed{コ}x-\boxed{サ}}$ である。

また，$g(x)=\dfrac{x-5}{2x-a}=g^{-1}(x)$ が成り立つとき，$g(x)=\dfrac{x-5}{2x-\boxed{シ}}$ である。

2

(1) 次の極限値を求めよ。

(ⅰ) $\displaystyle\lim_{n\to\infty}\dfrac{n\{1^2+2^2+3^2+\cdots\cdots+(2n)^2\}}{(1+2+3+\cdots\cdots+n)^2}=\dfrac{\boxed{アイ}}{\boxed{ウ}}$

(ⅱ) $\displaystyle\lim_{n\to\infty}\dfrac{1+2+2^2+\cdots\cdots+2^{2n}}{1+4+4^2+\cdots\cdots+4^n}=\dfrac{\boxed{エ}}{\boxed{オ}}$

(2) 漸化式が $3a_{n+1}=2a_n+1$，$a_1=2$ である数列 $\{a_n\}$ の一般項は

$$a_n=\left(\dfrac{\boxed{カ}}{\boxed{キ}}\right)^{n-1}+\boxed{ク}$$

である。したがって

$$\lim_{n\to\infty}\dfrac{a_n+3}{a_n-3}=\boxed{ケコ}$$

である。

3

(1) $\dfrac{1}{3} + \dfrac{1}{9} + \dfrac{1}{27} + \dfrac{1}{81} + \dfrac{1}{243} + \cdots\cdots = \dfrac{\boxed{\text{ア}}}{\boxed{\text{イ}}}$ である。

(2) 実数 x に対して，無限等比級数

$$x + x(x^2 + 3x + 1) + x(x^2 + 3x + 1)^2 + \cdots\cdots + x(x^2 + 3x + 1)^{n-1} + \cdots\cdots$$

が収束するとき，x の値の範囲は

$$\boxed{\text{ウエ}} < x < \boxed{\text{オカ}} \quad \boxed{\text{キク}} < x \leqq \boxed{\text{ケ}}$$

である。

4

(1) 次の極限値を求めよ。

(i) $\displaystyle\lim_{x \to 1} \dfrac{\sqrt{x+2} - \sqrt{4x-1}}{x-1} = \dfrac{\boxed{\text{ア}}\sqrt{\boxed{\text{イ}}}}{\boxed{\text{ウ}}}$

(ii) $\displaystyle\lim_{\theta \to 0} \dfrac{\sin 2\theta}{\tan 3\theta} = \dfrac{\boxed{\text{エ}}}{\boxed{\text{オ}}}$

(2) はさみうちの原理を用いて，次の極限値を求めよ。

$$\lim_{x \to \infty} (2^x + 3^x)^{\frac{1}{x}} = \boxed{\text{カ}}$$

(3) 関数 $f(x) = ax^2 + bx + 1$ が

$$\lim_{x \to 2} \dfrac{ax^2 + bx + 1}{x-2} = 3$$

を満たすとき，$a = \dfrac{\boxed{\text{キ}}}{\boxed{\text{ク}}}$, $b = \boxed{\text{ケコ}}$ である。

24 微分係数

微分係数

関数 $f(x)$ について，極限値 $\lim\limits_{h \to 0} \dfrac{f(a+h)-f(a)}{h}$ が存在するとき，$f(x)$ は **$x=a$ で微分可能**，この極限値を $x=a$ における**微分係数**といい，$f'(a)$ で表します。

また，この式は，$x=a+h$ より $h=x-a$ だから，$h \longrightarrow 0$ のとき $x \longrightarrow a$ であるとして，右のような形も，同じ微分係数を表すものとしてよく使われます。

> 【微分係数】 $f'(a)=\lim\limits_{h \to 0} \dfrac{f(a+h)-f(a)}{h}$
>
> あるいは $f'(a)=\lim\limits_{x \to a} \dfrac{f(x)-f(a)}{x-a}$

問題 1 次の関数の $x=2$ における微分係数を，定義にしたがって，それぞれ2通りの方法で求めましょう。

(1) $f(x)=x^2$ 　　(2) $f(x)=\sqrt{x}$

(1) $f'(2)=\lim\limits_{h \to 0} \dfrac{f(2+h)-f(2)}{h}=\lim\limits_{h \to 0} \dfrac{(2+h)^2-2^2}{h}$

$=\lim\limits_{h \to 0} \dfrac{4+4h+h^2-4}{h}=\lim\limits_{h \to 0}(4+h)=$ ⑦ ☐

$f'(2)=\lim\limits_{x \to 2} \dfrac{f(x)-f(2)}{x-2}=\lim\limits_{x \to 2} \dfrac{x^2-2^2}{x-2}=\lim\limits_{x \to 2} \dfrac{(x-2)(x+2)}{x-2}$

$=\lim\limits_{x \to 2}(x+2)=$ ④ ☐

(2) $f'(2)=\lim\limits_{h \to 0} \dfrac{f(2+h)-f(2)}{h}=\lim\limits_{h \to 0} \dfrac{\sqrt{2+h}-\sqrt{2}}{h}$

$=\lim\limits_{h \to 0} \dfrac{(\sqrt{2+h}-\sqrt{2})(\sqrt{2+h}+\sqrt{2})}{h(\sqrt{2+h}+\sqrt{2})}=\lim\limits_{h \to 0} \dfrac{h}{h(\sqrt{2+h}+\sqrt{2})}$

$=\lim\limits_{h \to 0} \dfrac{1}{\sqrt{2+h}+\sqrt{2}}=$ ⑨ ☐

$f'(2)=\lim\limits_{x \to 2} \dfrac{f(x)-f(2)}{x-2}=\lim\limits_{x \to 2} \dfrac{\sqrt{x}-\sqrt{2}}{x-2}=\lim\limits_{x \to 2} \dfrac{(\sqrt{x}-\sqrt{2})(\sqrt{x}+\sqrt{2})}{(x-2)(\sqrt{x}+\sqrt{2})}$

$=\lim\limits_{x \to 2} \dfrac{x-2}{(x-2)(\sqrt{x}+\sqrt{2})}=\lim\limits_{x \to 2} \dfrac{1}{\sqrt{x}+\sqrt{2}}=$ ㊀ ☐

微分係数を定義にしたがって求める問題は，上記の2通りのどちらの方法でも求めることができます。

関数 $f(x) = \dfrac{1}{x}$ の $x=2$ における微分係数を，定義にしたがって，2 通りの方法で求めよ。

もっとくわしく　微分係数 $f'(a)$ の図形的な意味

関数 $f(x)$ の $x=a$ での微分係数 $f'(a)$ は，曲線 $y=f(x)$ 上の点 $(a, f(a))$ における接線の傾きを表します。

この接線の傾きは — わかるかなー？

ハーイ

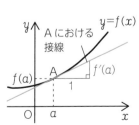

25 連続と微分可能

関数 $f(x)$ については，次のことが成り立ちます。

> 【微分可能と連続】
> 関数 $f(x)$ が $x=a$ で微分可能ならば，$x=a$ で連続である。

[証明] 関数 $f(x)$ が $x=a$ で微分可能であるとすると $\displaystyle\lim_{x\to a}\frac{f(x)-f(a)}{x-a}=f'(a)$

だから $\displaystyle\lim_{x\to a}\{f(x)-f(a)\}=\lim_{x\to a}\left\{\frac{f(x)-f(a)}{x-a}\cdot(x-a)\right\}=f'(a)\cdot 0=0$

よって $\displaystyle\lim_{x\to a}f(x)=f(a)$

したがって，関数 $f(x)$ は $x=a$ で連続である。

この命題の逆「関数 $f(x)$ が $x=a$ で連続であれば，$x=a$ で微分可能である」とは限りません。グラフで考えると，$x=a$ でつながっていても，$x=a$ では微分可能でない関数があるということです。

連続であっても微分可能ではない例としては，$f(x)=|x|$ があります。

> 問題❶ 関数 $f(x)=|x|$ が $x=0$ で連続であるか，微分可能であるかを，定義にしたがって調べましょう。

関数 $f(x)=|x|$ の連続性について

$\displaystyle\lim_{x\to+0}f(x)=\lim_{x\to+0}|x|=\lim_{x\to+0}x=0$ ← 最初に連続であることを確認する

$\displaystyle\lim_{x\to-0}f(x)=\lim_{x\to-0}|x|=\lim_{x\to-0}(-x)=0$

よって $\displaystyle\lim_{x\to 0}f(x)=\lim_{x\to 0}|x|=0$ ← $\displaystyle\lim_{x\to+0}f(x)=\lim_{x\to-0}f(x)=f(0)$ ならば，$f(x)$ は $x=0$ で連続

だから，$f(x)$ は $x=0$ で連続である。

一方 $\displaystyle\lim_{x\to+0}\frac{f(x)-f(0)}{x}=\lim_{x\to+0}\frac{|x|}{x}=\lim_{x\to+0}\frac{x}{x}=$ ❼□

$\displaystyle\lim_{x\to-0}\frac{f(x)-f(0)}{x}=\lim_{x\to-0}\frac{|x|}{x}=\lim_{x\to-0}\frac{-x}{x}=$ ❸□

したがって，$f'(0)$ は存在しない。

以上から，$f(x)=|x|$ は，$x=0$ で連続であるが，微分可能ではない。

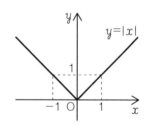

連続なのに微分できない…だとか

$y=|x|$

関数 $f(x) = |x^3|$ が $x=0$ で連続であるか，微分可能であるかを，定義にしたがって調べよ。

 先に微分可能であるとわかれば，連続である場合を調べなくて済みます。

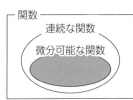 **連続な関数と微分可能な関数の関係は？**

「連続な関数」であることよりも，「微分可能な関数」であることのほうが条件としてはより厳しいといえます。逆に，「微分可能な関数」はすべて「連続な関数」であるといえます。つまり，「微分可能な関数」であれば，「連続な関数」でなければなりません。

このことから，連続な関数と微分可能な関数の包含関係は右の図のようになります。

関数
連続な関数
微分可能な関数

26 導関数① 導関数

ある区間のすべての x で関数 $f(x)$ が微分可能であるとき，$f(x)$ はその区間で**微分可能**であるといいます。ある区間で関数 $f(x)$ が微分可能であるとき，この区間 x における微分係数 $f'(x)$ はその区間で定義された x の関数です。この関数を $y=f(x)$ の**導関数**といい，$f'(x)$ で表します。

$$\text{【}f(x)\text{の導関数】}\quad f'(x)=\lim_{h\to 0}\frac{f(x+h)-f(x)}{h}$$

導関数 $f'(x)$ は，y', $\dfrac{dy}{dx}$, $\dfrac{d}{dx}f(x)$ のようにも表されます。

問題 1 定義にしたがって，次の導関数を求めましょう。

(1) $y=x^2$ (2) $f(x)=\dfrac{1}{x}$ (3) $f(x)=\sqrt{x}$

(1) $f'(x)=\lim\limits_{h\to 0}\dfrac{f(x+h)-f(x)}{h}=\lim\limits_{h\to 0}\dfrac{(x+h)^2-x^2}{h}=\lim\limits_{h\to 0}\dfrac{x^2+2hx+h^2-x^2}{h}$

$=\lim\limits_{h\to 0}\dfrac{h(2x+h)}{h}=\lim\limits_{h\to 0}(2x+h)=$ ⑦ $\boxed{}\,x$ ← ここは数学Ⅱの微分法の復習

(2) $f'(x)=\lim\limits_{h\to 0}\dfrac{f(x+h)-f(x)}{h}=\lim\limits_{h\to 0}\dfrac{1}{h}\left(\dfrac{1}{x+h}-\dfrac{1}{x}\right)$ ← 不定形の解消を目指す

$=\lim\limits_{h\to 0}\dfrac{1}{h}\cdot\dfrac{x-(x+h)}{x(x+h)}=\lim\limits_{h\to 0}\dfrac{1}{h}\cdot\dfrac{-h}{x(x+h)}$ ← 通分することで不定形の解消を目指す

← 不定形の解消に成功

$=\lim\limits_{h\to 0}\dfrac{-1}{x(x+h)}=-\dfrac{1}{x^2}$

(3) $f'(x)=\lim\limits_{h\to 0}\dfrac{f(x+h)-f(x)}{h}=\lim\limits_{h\to 0}\dfrac{\sqrt{x+h}-\sqrt{x}}{h}$

$=\lim\limits_{h\to 0}\dfrac{1}{h}\cdot\dfrac{(\sqrt{x+h}-\sqrt{x})(\sqrt{x+h}+\sqrt{x})}{\sqrt{x+h}+\sqrt{x}}$ ← 有理化することで不定形の解消を目指す

$=\lim\limits_{h\to 0}\dfrac{1}{h}\cdot\dfrac{h}{\sqrt{x+h}+\sqrt{x}}$ ← ほぼ不定形の解消に成功

$=\lim\limits_{h\to 0}\dfrac{1}{\sqrt{x+h}+\sqrt{x}}=\dfrac{1}{\text{④}\boxed{}\sqrt{x}}$

定義にしたがって，次の導関数を求めよ。

(1)　$f(x) = \dfrac{1}{x^2}$

(2)　$f(x) = \sqrt{x+1}$

 導関数を求める論述問題では，どんな方法（式変形）で不定形を解消したかが問われているのですから，それらを表した式を省略してはいけません。

もっとくわしく　微少な変化の様子のいろいろな表し方

関数 $y = f(x)$ で，x の変化を表すのに，h の代わりに記号 Δx を用いることがあります。このとき，

　　x の増分を Δx，Δx に対応した y の増分 $f(x+\Delta x) - f(x)$ を Δy

で表します。関数 $f(x)$ の導関数は，この Δx，Δy を用いて，次のように表すこともあります。

$$f'(x) = \lim_{\Delta x \to 0} \frac{f(x+\Delta x) - f(x)}{\Delta x} = \lim_{\Delta x \to 0} \frac{\Delta y}{\Delta x}$$

この Δx，Δy を用いることで，関数の変化やある物理量の変化などのいろいろな変化の様子が，簡潔に記述できるようになります。

27 積の導関数

関数 $f(x)$ から導関数 $f'(x)$ を求めることを，**$f(x)$ を x で微分する** または，**$f(x)$ を微分する** といいます。導関数の性質としては，数学Ⅱで学習したものを含め，次の公式が重要です。

> **【導関数の基本公式】** $f(x)$，$g(x)$ がともに微分可能であるとき
>
> [1] $\{kf(x)\}'=kf'(x)$ （ただし，k は定数）
>
> [2] $\{f(x)+g(x)\}'=f'(x)+g'(x)$, $\{f(x)-g(x)\}'=f'(x)-g'(x)$
>
> [3] $\{kf(x)+\ell g(x)\}'=kf'(x)+\ell g'(x)$ （ただし，k，ℓ は定数）
>
> [4] $\{f(x)g(x)\}'=f'(x)g(x)+f(x)g'(x)$
>
> [5] n が自然数のとき，$(x^n)'=nx^{n-1}$

$$(\text{🐻}\times\text{🐻})'$$
$$=$$
$$\text{🐻}'\times\text{🐻}+\text{🐻}\times\text{🐻}'$$

問題 1 次の関数を微分しましょう。

(1) $y=x^5+2x^2$ (2) $y=(x^2+x)(2x^2+1)$

(1) $y'=(x^5+2x^2)'$

$=(x^5)'+(2x^2)'$

$=5x^4+2\cdot 2x$

$=\boxed{}^{❼}x^4+\boxed{}^{❶}x$

(2) $y'=\{(x^2+x)(2x^2+1)\}'$ ← 導関数の基本公式 [4]

$=(x^2+x)'(2x^2+1)+(x^2+x)(2x^2+1)'$

$=(2x+1)(2x^2+1)+(x^2+x)\cdot 4x$

$=4x^3+2x^2+2x+1+4x^3+4x^2$

$=8x^3+6x^2+2x+1$

問題 2 すべての自然数 n で $(x^n)'=nx^{n-1}$ が成り立つことを，数学的帰納法を用いて証明しましょう。

[1] $n=1$ のとき，等式の左辺から $(x)'=1$

等式の右辺から $1\cdot x^{1-1}=1$

よって，$n=1$ のとき成り立つ。

[2] $n=k$ のとき，成り立つと仮定すると $(x^k)'=kx^{k-1}$

このとき，公式 [4] から $(x^{k+1})'=(x\cdot x^k)'=x'\cdot x^k+x\cdot(x^k)'$

$$=1\cdot x^k+x\cdot kx^{k-1}=\left(k+\boxed{}^{❾}\right)x^k$$

これは $n=k+1$ のときも仮定が成り立つことを示している。

[1]，[2] より，$(x^n)'=nx^{n-1}$ はすべての自然数 n で成り立つ。

基本練習

➡ 答えは別冊 8 ページ

次の関数を微分せよ。

(1)　$y = x^3 - 2x$

(2)　$y = (x^2 + 2)(2x^2 + x)$

もっとくわしく　$\{f(x)g(x)\}' = f'(x)g(x) + f(x)g'(x)$ の証明

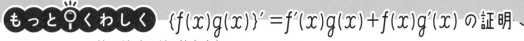

$\{f(x)g(x)\}' = \lim_{h \to 0} \dfrac{f(x+h)g(x+h) - f(x)g(x)}{h}$　←導関数の定義式

←同じものを足して引く

$= \lim_{h \to 0} \dfrac{f(x+h)g(x+h) - f(x)g(x+h) + f(x)g(x+h) - f(x)g(x)}{h}$

$= \lim_{h \to 0} \dfrac{\{f(x+h) - f(x)\}g(x+h) + f(x)\{g(x+h) - g(x)\}}{h}$　←$\Delta f(x),\ \Delta g(x)$ の形ができた

$= \lim_{h \to 0} \left\{ \dfrac{f(x+h) - f(x)}{h} \cdot g(x+h) + f(x) \cdot \dfrac{g(x+h) - g(x)}{h} \right\}$

$= \lim_{h \to 0} \dfrac{f(x+h) - f(x)}{h} \cdot \lim_{h \to 0} g(x+h) + f(x) \cdot \lim_{h \to 0} \dfrac{g(x+h) - g(x)}{h}$　←関数 $f(x),\ g(x)$ の微分の定義式

$= f'(x)g(x) + f(x)g'(x)$

28 商の導関数

関数 $g(x)$ が微分可能であるとき，導関数の定義から**商の導関数**を求めることができます。

$$\left\{\frac{1}{g(x)}\right\}'=\lim_{h\to 0}\frac{1}{h}\left\{\frac{1}{g(x+h)}-\frac{1}{g(x)}\right\}=\lim_{h\to 0}\frac{1}{h}\left\{\frac{g(x)-g(x+h)}{g(x+h)g(x)}\right\}$$

$$=\lim_{h\to 0}\left\{-\frac{g(x+h)-g(x)}{h}\cdot\frac{1}{g(x+h)g(x)}\right\}$$

←同じ式！

←不定形を解消するとともに，導関数の定義式の形をつくり出す

ここで，$g(x)$ は微分可能だから

$$\lim_{h\to 0}\frac{g(x+h)-g(x)}{h}=g'(x)\quad かつ\quad \lim_{h\to 0}g(x+h)=g(x)$$

よって $\left\{\dfrac{1}{g(x)}\right\}'=\lim_{h\to 0}\left\{-\dfrac{g(x+h)-g(x)}{h}\cdot\dfrac{1}{g(x+h)g(x)}\right\}=-\dfrac{g'(x)}{\{g(x)\}^2}$

←この形への変形は，極限値の存在を確認してから

さらに，この結果に積の導関数を用いることで，次の公式が成り立ちます。

【導関数の基本公式】 $f(x)$, $g(x)$ がともに微分可能であるとき

[6] $\left\{\dfrac{1}{g(x)}\right\}'=-\dfrac{g'(x)}{\{g(x)\}^2}$　　[7] $\left\{\dfrac{f(x)}{g(x)}\right\}'=\dfrac{f'(x)g(x)-f(x)g'(x)}{\{g(x)\}^2}$

問題 1 次の関数を微分しましょう。

(1) $y=\dfrac{1}{x^2}$　　(2) $y=\dfrac{3x^2}{2x+1}$　　(3) $y=\dfrac{1}{\sqrt{x}}$

(1) $y'=\left(\dfrac{1}{x^2}\right)'=-\dfrac{(x^2)'}{(x^2)^2}=-\dfrac{2x}{x^4}=-\dfrac{\boxed{}}{x^3}$

(2) $y'=\left(\dfrac{3x^2}{2x+1}\right)'=\dfrac{(3x^2)'(2x+1)-(3x^2)(2x+1)'}{(2x+1)^2}$　←分母を微分して引く側へ

$=\dfrac{6x(2x+1)-(3x^2)\cdot 2}{(2x+1)^2}=\dfrac{12x^2+6x-6x^2}{4x^2+4x+1}$

$=\dfrac{\boxed{}x^2+6x}{4x^2+4x+1}$

(3) $y'=\left(\dfrac{1}{\sqrt{x}}\right)'=-\dfrac{(\sqrt{x})'}{(\sqrt{x})^2}=-\dfrac{1}{2\sqrt{x}}\cdot\dfrac{1}{x}=-\dfrac{1}{2x\sqrt{x}}$

$$\left(\frac{🐨}{🐶}\right)'=\frac{🐨'\times🐶-🐨\times🐶'}{🐶^2}$$

次の関数を微分せよ。

(1) $y = \dfrac{1}{2x^2 - 1}$

(2) $y = \dfrac{x}{x^2 + 1}$

もっとくわしく $(x^n)' = nx^{n-1}$ の n に制限はある？

導関数の基本公式 [6] の $\left\{\dfrac{1}{g(x)}\right\}' = -\dfrac{g'(x)}{\{g(x)\}^2}$ において，$g(x) = x^n$（n が自然数）のとき，

$$y' = \left(\dfrac{1}{x^n}\right)' = -\dfrac{(x^n)'}{(x^n)^2} = -\dfrac{nx^{n-1}}{x^{2n}} = -nx^{n-1-2n} = -nx^{-n-1}$$

が成り立ちます。$\dfrac{1}{x^n} = x^{-n}$ だから，$-n$ を N と置き換えると，N は負の整数で，

$$y' = (x^N)' = Nx^{N-1}$$

よって，「$(x^n)' = nx^{n-1}$（n は自然数）」の公式は，n が負の整数の場合も成り立つことがわかります。

さらに，$n = 0$ の場合も　$(x^0)' = 0 \cdot x^{0-1} = 0$ から，成り立ちます。

したがって，下の公式が成り立ちます。

　　すべての整数 n で　$(x^n)' = nx^{n-1}$

最終的には，すべての実数 n でこの公式が成り立つことが知られています。

29 導関数④ 合成関数 $f(g(x))$ の導関数

関数 $f(x)=(x^2+1)^4$ の導関数は，これを展開すれば微分して求めることができます。しかし，$g(x)=x^2+1$ とおけば，$f(x)=(x^2+1)^4$ は合成関数 $f(g(x))$ とみることができます。**合成関数の微分**を用いると，展開してから微分するよりもっと簡単に導関数を求めることができます。まずは，$f(g(x))$ の導関数 $\{(f(g(x))\}'$ を定義にしたがって導いてみましょう。

$f(x)$，$g(x)$ がともに微分可能な関数であるとき，その合成関数 $y=f(g(x))$ において

$$\{f(g(x))\}'=\lim_{h\to 0}\frac{f(g(x+h))-f(g(x))}{h}$$

←ここで，$g(x+h)-g(x)$ を分母・分子に掛ける

$$=\lim_{h\to 0}\frac{f(g(x+h))-f(g(x))}{g(x+h)-g(x)}\cdot\frac{g(x+h)-g(x)}{h}$$

$f(x)$ も $g(x)$ も微分可能で，$x+h \longrightarrow x$ のとき，$g(x+h) \longrightarrow g(x)$ であり，$g(x)=u$，$g(x+h)-g(x)=t$ とおけば，$g(x+h)=u+t$ で，$h \longrightarrow 0$ のとき，$t \longrightarrow 0$ だから

$$\{f(g(x))\}'=\lim_{t\to 0}\frac{f(u+t)-f(u)}{t}\cdot\lim_{h\to 0}\frac{g(x+h)-g(x)}{h}$$

←$g(x)$ を x で微分したもの

$$=f'(u)\cdot g'(x)$$

←これは $f(u)$ を u で微分したものといえる

$$=f'(g(x))g'(x)$$

結局，**合成関数 $y=f(g(x))$ の導関数は** ←$f(g(x))$ を x で微分したもの

$$y=f(u) \text{ を } u \text{ で微分したものと，} u=g(x) \text{ を } x \text{ で微分したものの積}$$

であり $\dfrac{df(u)}{dx}=\dfrac{df(u)}{du}\cdot\dfrac{du(x)}{dx}$，または $\dfrac{dy}{dx}=\dfrac{dy}{du}\cdot\dfrac{du}{dx}$ と書き表すことができます。

問題 ① 次の関数の導関数を，合成関数の微分法を用いて求めましょう。

(1) $y=(x^2+3x+2)^2$　　(2) $y=\dfrac{1}{(2x^3+1)^3}$

---

(1) $y=(x^2+3x+2)^2$ は，$y=u^2$，$u=x^2+3x+2$ の合成関数だから

$y'=\{(x^2+3x+2)^2\}'=(u^2)'\cdot(x^2+3x+2)'$ ← $\dfrac{dy}{du}\,\dfrac{du}{dx}$

$=2u\cdot(2x+3)=2(x^2+3x+2)\cdot(2x+3)$

$=2(2x+3)(x^2+3x+2)$ ←導関数が積の形をしているのだから，展開する必要はない

(2) $y=\dfrac{1}{(2x^3+1)^3}$ は，$y=\dfrac{1}{u^3}$，$u=2x^3+1$ の合成関数だから

$y'=\left\{\dfrac{1}{u^3}\right\}'\cdot(2x^3+1)'=-3u^{-3-1}\cdot 2\cdot 3x^{3-1}=\boxed{}^{❼}u^{-4}x^2=-\dfrac{18x^2}{(2x^3+1)^4}$

次の関数の導関数を求めよ。

(1) $y=(3x+2)^4$

(2) $y=\dfrac{1}{(2x+1)^4}$

☺🔍 複雑な関数の導関数は，$y=f(u)$，$u=g(x)$ とおいて，合成関数の微分ができないか考えてみましょう。

もっとくわしく $\dfrac{dy}{dx}=\dfrac{dy}{du}\cdot\dfrac{du}{dx}$ をもっとくわしく

合成関数の微分法は，Δx，Δy を使って書き表すと，もっとすっきりします。

合成関数 $y=f(g(x))$ について，$u=g(x)$ とおくと

　　x の増分Δx に対する u の増分はΔu，u の増分Δu に対する y の増分はΔy

よって 　$\dfrac{\Delta y}{\Delta x}=\dfrac{\Delta y}{\Delta u}\cdot\dfrac{\Delta u}{\Delta x}$

$u=g(x)$ は連続関数だから 　$\Delta x \longrightarrow 0$ のとき，$g(x+\Delta x) \longrightarrow g(x)$

$\Delta u=g(x+\Delta x)-g(x)$ だから 　$\Delta x \longrightarrow 0$ のとき，$\Delta u \longrightarrow 0$

したがって　　　　　　　　　　　　　　　　　　↙ 合成関数の微分

　　$\dfrac{dy}{dx}=\lim_{\Delta x\to 0}\dfrac{\Delta y}{\Delta x}=\lim_{\Delta x\to 0}\dfrac{\Delta y}{\Delta u}\cdot\dfrac{\Delta u}{\Delta x}=\lim_{\Delta u\to 0}\dfrac{\Delta y}{\Delta u}\cdot\lim_{\Delta x\to 0}\dfrac{\Delta u}{\Delta x}=\dfrac{dy}{du}\cdot\dfrac{du}{dx}$

が成り立ちます。

30 逆関数 $x=f(y)$ を微分する

これまで，$y=f(x)$ の形の関数の導関数を求めてきましたが，関数 $x=g(y)$ を x で微分するような場合には，**逆関数の微分法**を用いることになります。y が x の関数 $(y=f(x))$ であるとき，その逆関数 $g(y)$ が存在すれば，$x=g(x)$ となり，x は y で微分することができます。このとき，直接 y を x で微分するのではなく，合成関数の微分法を用いて，y の関数は y で微分したうえで逆数をとります。

これらの操作は，記号 dx，dy を用いて，右のように表されます。

【逆関数の微分法】
$$\frac{dy}{dx}=\frac{1}{\dfrac{dx}{dy}}$$

例　$x=y^2$ の両辺を x で微分するとき

$$\frac{dy}{dx}=\frac{1}{\dfrac{dx}{dy}} \text{ であり，} \frac{dx}{dy}=\frac{d}{dy}(y^2)=2y \text{ だから}$$

　　　　　　　　　　　　　　↑ y^2 を y で微分する

$$\frac{dy}{dx}=\frac{1}{\dfrac{dx}{dy}}=\frac{1}{\dfrac{d}{dy}(y^2)}=\frac{1}{2y}$$

問題 ①　次の関数について，$\dfrac{dy}{dx}$ を求めましょう。

(1)　$x=y^3$　　　(2)　$y=\sqrt[3]{x}$

---

(1)　$x=y^3$ を x で微分すると

$$\frac{dy}{dx}=\frac{1}{\dfrac{dx}{dy}}=\frac{1}{\dfrac{d}{dy}(y^3)}=\frac{1}{\boxed{}\,y^2}$$

(2)　$y=\sqrt[3]{x}$ より $x=y^3$ だから，これを y で微分すると　$\dfrac{dx}{dy}=\dfrac{d}{dy}(y^3)=3y^2$

よって　$\dfrac{dy}{dx}=\dfrac{1}{\dfrac{dx}{dy}}=\dfrac{1}{3y^2}=\dfrac{1}{3(\sqrt[3]{x}\,)^2}=\boxed{}\,x^{-\frac{2}{3}}$

(2)は，逆関数の微分法を用いることで，n が整数のときに成り立つ公式 $(x^n)'=nx^{n-1}$ が，実は有理数でも成り立つことを示しています。

すなわち

p が有理数のとき　$(x^p)'=px^{p-1}$

このことから，(2)は $\left(x^{\frac{1}{3}}\right)'=\dfrac{1}{3}x^{\frac{1}{3}-1}=\dfrac{1}{3}x^{-\frac{2}{3}}$

とすることができます。

dx，dy は
ここで使うんだね

…いらないと思ってた

これからもっと
使うよ

次の関数について，$\dfrac{dy}{dx}$ を求めよ。

(1)　$x = y^6$

(2)　$y = \sqrt[6]{x}$

理由が💡わかる　$\dfrac{dy}{dx} = \dfrac{1}{dx/dy}$ となる理由

$x = g(y)$ の両辺を x で微分すると　$1 = \dfrac{dg(y)}{dx} = \dfrac{dg(y)}{dy} \cdot \dfrac{dy}{dx}$　← 合成関数の微分法

したがって　$\dfrac{dy}{dx} = \dfrac{1}{\dfrac{dg(y)}{dy}} = \dfrac{1}{\dfrac{dx}{dy}}$　← $x = g(y)$

すなわち　$\dfrac{dy}{dx} = \dfrac{1}{\dfrac{dx}{dy}}$

この考え方（合成関数の微分法）を用いて，$x^2 = y^2 + 2y + 1$ のような複雑な関数も微分することができます。

$\longrightarrow 2x = \dfrac{d}{dx}(y^2 + 2y + 1) = \dfrac{d}{dy}(y^2 + 2y + 1) \cdot \dfrac{dy}{dx} = (2y + 2) \cdot \dfrac{dy}{dx}$

したがって　$\dfrac{dy}{dx} = \dfrac{2x}{2y + 2} = \dfrac{x}{y + 1}$

31 三角関数の導関数

sin θ，cos θ の三角関数の導関数は，導関数の定義から導くことができます。

【三角関数の導関数】

$$(\sin x)'=\cos x,\ (\cos x)'=-\sin x,\ (\tan x)'=\frac{1}{\cos^2 x}$$

$\tan x$ の導関数は，$\tan x=\dfrac{\sin x}{\cos x}$ であることから，商の導関数として導くことができます。

$$(\tan x)'=\left(\frac{\sin x}{\cos x}\right)'=\frac{(\sin x)'\cos x-\sin x(\cos x)'}{\cos^2 x}=\frac{\cos^2 x-(-\sin^2 x)}{\cos^2 x}=\frac{1}{\cos^2 x}$$

問題① 次の関数を微分しましょう。

(1) $y=\sin 2x$　　(2) $y=\cos^2 x$　　(3) $y=\dfrac{1}{\tan x}$

---

(1) $t=2x$ とおくと，$y=\sin 2x$ は，$y=\sin t$，$t=2x$ の合成関数だから

$$y'=\frac{dy}{dx}=(\sin t)'\cdot(2x)'=\cos t\cdot 2 \quad \leftarrow \text{合成関数の微分法 } \frac{dy}{dt}\frac{dt}{dx}$$

$$=\boxed{}^{\text{ア}}\cos 2x \quad \leftarrow (\sin ax)'=a\cos ax,\ (\cos ax)'=-a\sin ax$$

(2) $t=\cos x$ とおくと，$y=\cos^2 x$ は，$y=t^2$，$t=\cos x$ の合成関数だから

$$y'=(t^2)'\cdot(\cos x)' \quad \leftarrow \text{合成関数の微分法 } \frac{dy}{dt}\frac{dt}{dx}$$

$$=2t\cdot(-\sin x)=\boxed{}^{\text{イ}}\sin x\cos x \quad \leftarrow (\cos x)'=-\sin x$$

（別解）　$\cos^2 x=\dfrac{\cos 2x+1}{2}$ だから　$\leftarrow$ この方法も $\cos^2 x$，$\cos^3 x$ の微分でよく用いられる

$$y'=(\cos^2 x)'=\left(\frac{1}{2}\cos 2x+\frac{1}{2}\right)'=\frac{1}{2}(\cos 2x)'+\left(\frac{1}{2}\right)'$$

$$=\frac{1}{2}\cdot(2x)'\cdot(-\sin 2x)+0=-\sin 2x=-2\sin x\cos x$$

$\nearrow$ 合成関数の微分法

(3) $y'=\left(\dfrac{\cos x}{\sin x}\right)'=\dfrac{(\cos x)'\sin x-\cos x(\sin x)'}{\sin^2 x} \quad \leftarrow \dfrac{1}{\tan x}=\dfrac{\cos x}{\sin x}$

$$=\frac{-\sin^2 x-\cos^2 x}{\sin^2 x}=-\frac{1}{\sin^2 x}$$

$\nwarrow -\sin^2 x-\cos^2 x=-(\sin^2 x+\cos^2 x)=-1$

次の関数を微分せよ。

(1) $y=\cos 2x$

(2) $y=\sin^2 x$

(3) $y=\dfrac{x}{\tan x}$

もっと くわしく $(\sin x)'=\cos x$ をていねいに証明しよう！

$$(\sin x)'=\lim_{h\to 0}\frac{\sin(x+h)-\sin x}{h}=\lim_{h\to 0}\frac{\sin x\cos h+\cos x\sin h-\sin x}{h} \quad \leftarrow 導関数の定義$$

$$=\lim_{h\to 0}\frac{(\cos h-1)\sin x+\cos x\sin h}{h} \quad \leftarrow このままだと \frac{\cos h-1}{h} は不定形だから，これを解消する$$

ここで

$$\frac{\cos h-1}{h}=\frac{(\cos h-1)(\cos h+1)}{(\cos h+1)h}=\frac{\cos^2 h-1}{(\cos h+1)h}=-\frac{\sin^2 h}{(\cos h+1)h}=-\frac{\sin h}{h}\cdot\frac{\sin h}{\cos h+1}$$

であり，$h\longrightarrow 0$ のとき，$\dfrac{\sin h}{h}\longrightarrow 1$，$\dfrac{\sin h}{\cos h+1}\longrightarrow\dfrac{0}{1+1}=0$ だから $-\dfrac{\sin^2 h}{(\cos h+1)h}\longrightarrow 0$

よって $(\sin x)'=\lim_{h\to 0}\dfrac{\cos h-1}{h}\sin x+\lim_{h\to 0}\dfrac{\sin h}{h}\cdot\cos x=0\cdot\sin x+1\cdot\cos x=\cos x$

32 対数関数の導関数

対数関数 $y=\log_a x$ $(a>0,\ a\neq 1)$ の導関数を，定義にしたがって求めようとすると

$$(\log_a x)'=\lim_{h\to 0}\frac{\log_a(x+h)-\log_a x}{h}=\lim_{h\to 0}\left(\frac{1}{h}\log_a\frac{x+h}{x}\right)\quad \leftarrow \log_a M-\log_a N=\log_a\frac{M}{N}$$

$$=\lim_{h\to 0}\left\{\frac{1}{h}\log_a\left(1+\frac{h}{x}\right)\right\}=\lim_{h\to 0}\left\{\frac{1}{x}\cdot\frac{x}{h}\log_a\left(1+\frac{h}{x}\right)\right\}=\frac{1}{x}\lim_{h\to 0}\log_a\left(1+\frac{h}{x}\right)^{\frac{x}{h}}$$

$\dfrac{h}{x}=k$ で置き換えると，$h\longrightarrow 0$ のとき，$k\longrightarrow 0$ だから　$(\log_a x)'=\dfrac{1}{x}\lim_{k\to 0}\log_a(1+k)^{\frac{1}{k}}$

ここで，$\lim_{k\to 0}(1+k)^{\frac{1}{k}}$ はある一定の値（$2.71828182845\cdots\cdots$）に近づくことが知られていて，

この値は記号 **e** で表されます。

e を用いると　$(\log_a x)'=\dfrac{1}{x}\lim_{k\to 0}\log_a(1+k)^{\frac{1}{k}}=\dfrac{1}{x}\log_a e=\dfrac{1}{x\log_e a}$

とくに，$a=e$ のとき，つまり，e を対数関数の底にとれば，$\mathbf{\log_e e=1}$ となります。

> 【**対数関数の導関数**】　$(\log_e x)'=\dfrac{1}{x},\ (\log_a x)'=\dfrac{1}{x\log a}$

　このように，e を底とする対数を**自然対数**といいます。今後は e を省略して $\underline{\log x}$ と表します。このことから，e は**自然対数の底**と呼ばれます。

> **問題 1**　次の関数を微分しましょう。
>
> (1) $y=\log_3(x+3)$　　(2) $y=\log x^3$　　(3) $y=x\log x$

(1) $y=\log_3(x+3)$ のとき，$y=\log_3 t$, $t=x+\boxed{}^{\text{❼}}$ とおくと，合成関数の微分法から

$$\frac{dy}{dx}=\frac{dy}{dt}\cdot\frac{dt}{dx}$$

$$=\frac{1}{t\log 3}\cdot(x+3)'=\frac{1}{(x+3)\log 3}$$

(2) $y=\log x^3$ のとき　$y'=\dfrac{1}{x^3}\cdot(x^3)'=\dfrac{3}{x}$　　$\leftarrow y=\log x^3=3\log x$ で，$(3\log x)'=\dfrac{3}{x}$ の結果と一致する

(3) $y=x\log x$ のとき　$y'=(x\log x)'$

$$=(x)'\log x+x(\log x)'$$

$$=\log x+x\cdot\frac{1}{x}=\log x+\boxed{}^{\text{❹}}$$

基本練習

答えは別冊 9 ページ

次の関数を微分せよ。

(1) $y=\log_3(x+1)$

(2) $y=\log x^4$

(3) $y=x^2 \log x$

 一般に，合成関数 $y=\log f(x)$ の導関数は $(\log f(x))' = \dfrac{f'(x)}{f(x)}$ となります。

もっとくわしく $\log|x|$ の導関数

対数関数の導関数では，絶対値を含む対数関数 $\log|x|$ もよく扱われます。これについて調べてみましょう。

$x>0$ のとき，$\log|x|=\log x$ だから $(\log|x|)'=(\log x)'=\dfrac{1}{x}$

$x<0$ のとき，$\log|x|=\log(-x)$ だから $(\log|x|)'=(\log(-x))'=\dfrac{(-x)'}{-x}=\dfrac{1}{x}$

このことから，下のことが成り立ちます。

$$(\log|x|)'=\dfrac{1}{x}, \quad (\log_a|x|)'=\dfrac{1}{x\log a}, \quad (\log|f(x)|)'=\dfrac{f'(x)}{f(x)}$$

33 対数微分法

対数関数の微分法から，$\{\log f(x)\}'=\dfrac{f'(x)}{f(x)}$ が成り立ちます。これを利用した微分法が**対数微分法**

と呼ばれる微分法です。

⦿ 関数　$y=x^{\alpha}$（αは実数）を対数微分法を用いて微分すると

$\log y=\alpha \log x$　より　← まずは対数をとって，両辺を x で微分する

$\dfrac{y'}{y}=\dfrac{\alpha}{x}$　← $\dfrac{d}{dx}(\log y)=\dfrac{dy}{dx}\dfrac{d}{dy}(\log y)=y'\cdot\dfrac{1}{y}$

$y'=\dfrac{\alpha}{x}\cdot y=\dfrac{\alpha}{x}\cdot x^{\alpha}=\alpha\,x^{\alpha-1}$

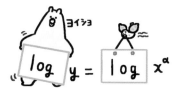

対数微分法を使うと，積や商の形をした複雑な関数の微分法の計算量を減らすことができます。

問題 ①　次の関数を微分しましょう。

(1) $y=(x+1)(x+2)(x+3)$　　　(2) $y=\dfrac{(x+1)(x+2)}{x+3}$

---

(1) $y=(x+1)(x+2)(x+3)$ より　$\log y=\log(x+1)+\log(x+2)+\log(x+3)$

両辺を x で微分すると　$\dfrac{y'}{y}=\dfrac{1}{x+1}+\dfrac{1}{x+2}+\dfrac{1}{x+3}$

よって　$y'=\left(\dfrac{1}{x+1}+\dfrac{1}{x+2}+\dfrac{1}{x+3}\right)y$

$=(x+2)(x+3)+(x+1)(x+3)+(x+1)(x+2)$

$=3x^2+12x+\overset{❼}{\boxed{}}$

(2) $y=\dfrac{(x+1)(x+2)}{x+3}$ より　$\log y=\log(x+1)+\log(x+2)-\log(x+3)$

両辺を x で微分すると

$\dfrac{y'}{y}=\dfrac{1}{x+1}+\dfrac{1}{x+2}-\dfrac{1}{x+3}=\dfrac{(x+2)(x+3)+(x+1)(x+3)-(x+1)(x+2)}{(x+1)(x+2)(x+3)}$

$=\dfrac{x^2+5x+6+x^2+4x+3-(x^2+3x+2)}{(x+1)(x+2)(x+3)}=\dfrac{x^2+6x+\overset{❶}{\boxed{}}}{(x+1)(x+2)(x+3)}$

よって　$y'=\dfrac{x^2+6x+7}{(x+1)(x+2)(x+3)}\,y=\dfrac{x^2+6x+7}{(x+3)^2}$

$y=\dfrac{x^4}{(x+1)^2(x-1)^2}$ を微分をせよ。

対数微分法を用いることで，p が有理数のときに成り立つ公式 $(x^p)'=px^{p-1}$ が実数でも成り立つことが証明できます。すなわち

α が実数のとき　$(x^\alpha)'=\alpha x^{\alpha-1}$

もっとくわしく　対数微分法は本当に役立つ？

　問題 **1** は，対数微分法の練習として比較的簡単なものを扱ったので，その有用性があまり実感できなかったかもしれません。次の関数の微分を考えることで，その有用性を実感できると思います。

α，β，γ を実数として，$y=(x+1)^\alpha(x+2)^\beta(x+3)^\gamma$ の対数をとると

$\log y=\alpha \log(x+1)+\beta \log(x+2)+\gamma \log(x+3)$

両辺を x で微分して　$\dfrac{y'}{y}=\dfrac{\alpha}{x+1}+\dfrac{\beta}{x+2}+\dfrac{\gamma}{x+3}$

よって　$y'=\left(\dfrac{\alpha}{x+1}+\dfrac{\beta}{x+2}+\dfrac{\gamma}{x+3}\right)\cdot(x+1)^\alpha(x+2)^\beta(x+3)^\gamma$　← 通分は不要

34 指数関数の導関数

指数関数の導関数

33 で学習した対数微分法は，指数関数の導関数を求める際に活躍します。

$a>0$，$a\neq1$ として，指数関数 $y=a^x$ の導関数を求めてみましょう。

両辺の対数をとると　$\log y=x\log a$

両辺を x で微分すると　$\dfrac{y'}{y}=\log a$

よって　$y'=y\log a=a^x\log a$

とくに，$a=e$（自然対数の底）であるとき，$\log a=\log e=1$　であることから

$y'=y\log e=e^x\log e=e^x$

であることがわかります。

【指数関数の導関数】

[1]　$(e^x)'=e^x$　　　[2]　$(a^x)'=a^x\log a$

問題 1　次の関数を微分しましょう。

(1) $y=3^x$　　(2) $y=e^{2x}$　　(3) $y=e^x\cos x$

(1) 指数関数の導関数の公式から

$$(3^x)'=3^x\log\boxed{}\quad\longleftarrow\ \text{指数関数の導関数 [2]}$$

(2) 合成関数の微分法から

$$(e^{2x})'=e^{2x}\cdot(2x)'=\boxed{}e^{2x}\quad\longleftarrow\ \text{指数関数の導関数 [1]}$$

(3) 積の微分法から

$$(e^x\cos x)'=(e^x)'\cos x+e^x(\cos x)'$$
$$=e^x\cos x+e^x(-\sin x)$$
$$=\boxed{}(\cos x-\sin x)$$

これを微分していきますよー

変わりませんねぇ…

オヤオヤ？

するとー

$(e^x)' = e^x$

公式を忘れてしまったときは，対数微分法に戻って考えましょう。

(1)なら，両辺の対数をとって，下のように微分することができます。

$\log y=x\log 3$

両辺を x で微分すると　$\dfrac{y'}{y}=\log 3$

よって　$y'=y\log 3=3^x\log 3$

次の関数を微分せよ。

(1) $y=3^{-x}$

(2) $y=e^{x^2}$

(3) $y=e^{-x}\sin x$

もっと くわしく 対数微分法を使った考え方では……

問題 1 (3)は，$\log y=\log e^x+\log(\cos x)=x+\log(\cos x)$　だから，x で微分すると

$$\frac{y'}{y}=1+\frac{(\cos x)'}{\cos x}=1-\frac{\sin x}{\cos x}$$

よって　$y'=\left(1-\frac{\sin x}{\cos x}\right)y=\left(1-\frac{\sin x}{\cos x}\right)e^x\cos x=e^x(\cos x-\sin x)$

35 第 n 次導関数

関数 $y=f(x)$ の導関数 $f'(x)$ は x の関数です。関数 $f'(x)$ が微分可能であるとき，さらに $f'(x)$ を微分して得られる導関数を，関数 $y=f(x)$ の**第 2 次導関数**といい，$\underline{y''}$，$\underline{f''(x)}$，$\underline{\dfrac{d^2y}{dx^2}}$，$\underline{\dfrac{d^2}{dx^2}f(x)}$ などの記号で表します。

例 関数 $y=x^3$ を微分すると $y'=3x^{3-1}=3x^2$

　　この関数の第 2 次導関数は $y''=(3x^2)'=3\cdot2x=6x$

例 関数 $y=\sin x$ を微分すると $y'=\cos x$

　　この関数の第 2 次導関数は $y''=(\cos x)'=-\sin x$

さらに，$f''(x)$ の導関数 $\{f''(x)\}'$ は**第 3 次導関数**と呼ばれます。これに対して，$f'(x)$ を第 1 次導関数ということもあります。

一般には，関数 $y=f(x)$ を n 回微分することによって得られる導関数を**第 n 次導関数**といい，$\underline{y^{(n)}}$，$\underline{f^{(n)}(x)}$，$\underline{\dfrac{d^ny}{dx^n}}$，$\underline{\dfrac{d^n}{dx^n}f(x)}$ などの記号で表されます。

問題 ① 次の関数の第 n 次導関数を求めましょう。

(1) $y=x^{n+1}$ （n は正の整数）　　(2) $y=e^{ax}$　　(3) $y=\sin x$

---

(1) $y=x^{n+1}$ のとき $y'=(n+1)x^n$，$y''=\{(n+1)x^n\}'=(n+1)nx^{n-1}$

以上のことから $y^{(n)}=\overbrace{(n+1)n(n-1)\cdots\cdots2}^{n\,\text{個の積}}\cdot x^{n+1-n}=(n+1)!x$

(2) $y=e^{ax}$ のとき $y'=ae^{ax}$，$y''=\{ae^{ax}\}'=a\cdot ae^{ax}=a^2e^{ax}$

以上のことから $y^{(n)}=a^ne^{ax}$

(3) $y=\sin x$ のとき $y'=(\sin x)'=\cos x$，$y''=(\cos x)'=-\sin x$

$y^{(3)}=(-\sin x)'=-\cos x$，$y^{(4)}=(-\cos x)'=\sin x$

$y^{(5)}=(\sin x)'=\cos x$，……

以上のことから，m を 0 以上の整数として

$n=4m+1$ のとき $y^{(n)}=\cos x$　　　$n=4m+2$ のとき $y^{(n)}=-\sin x$，

$n=4m+\boxed{}^{\text{ア}}$ のとき $y^{(n)}=-\cos x$　　$n=4\left(m+\boxed{}^{\text{イ}}\right)$ のとき $y^{(n)}=\sin x$

😀 上の(3)の式は $y^{(n)}=\sin\left(x+\dfrac{n\pi}{2}\right)$ のように表すこともできます。

次の関数の第 n 次導関数を求めよ。

(1)　$y = x^{2n}$ （n は正の整数）

(2)　$y = \cos x$

もっとくわしく　第 2 次導関数はどこで使う？

　数学Ⅱで学習した微分法では，求めた導関数を調べることで，接線の傾きを求めたり，関数の増減を調べたりしました。第 2 次導関数は，第 1 次導関数を微分することで，「増加・減少」を表す関数の様子を，より詳細に調べることになります。

例　$y' > 0$ のさなかの状態において，$y'' < 0$ であれば，増加傾向が弱くなっている
　　$y' > 0$ のさなかの状態において，$y'' > 0$ であれば，増加傾向が強くなっている

　このことから，関数のグラフの状態がよりくわしくわかります。

　第 n 次導関数は，代数学などをはじめとしたより高度な数学のさまざまな分野で，頻繁に使われます。

36 x と y の入り交じった関数の導関数

複雑な関数の導関数①

対数微分法では，$\log y = \log f(x)$ という関係式の微分に対して，これを x で微分するときに，その左辺で

$$\frac{d}{dx}\log y = \frac{dy}{dx}\cdot\frac{d}{dy}\log y = y'\cdot\frac{1}{y}$$

のような操作を行いました。これは，円の方程式 $x^2+y^2=1$ のような関数を微分するときでも同じです。

例 $y^2=1-x^2$ とした関数の両辺を x で微分すると，左辺と右辺それぞれについて

$$(左辺)=\frac{d}{dx}y^2=\frac{dy}{dx}\cdot\frac{d}{dy}y^2=y'\cdot 2y$$

$$(右辺)=-2x$$

すなわち $y'\cdot 2y=-2x$

よって $y'=-\dfrac{x}{y}$ ← x, y の入り交じった関数の微分では，y が含まれた形になることが多い

問題 1 次の関数の導関数 $\dfrac{dy}{dx}$ を求めましょう。

(1) $y^2=4x$ (2) $xy=1$

---

(1) $y^2=4x$ の左辺を x で微分すると

$$\frac{d}{dx}(y^2)=\frac{dy}{dx}\cdot\frac{d}{dy}(y^2)=\frac{dy}{dx}\cdot 2y$$

← 慣れたら $(y^2)'=2y\cdot y'$ としてもよい

右辺は，$\dfrac{d}{dx}(4x)=4$ だから

$$\frac{dy}{dx}\cdot 2y = \boxed{}^{⑦}$$

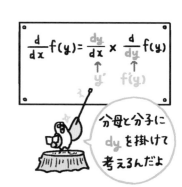

$$\frac{d}{dx}f(y)=\frac{dy}{dx}\times\frac{d}{dy}f(y)$$
↑ y' ↑ $f'(y)$

分母と分子に dy を掛けて考えるんだよ

したがって，$y\neq 0$ のとき $\dfrac{dy}{dx}=\dfrac{2}{y}$ ← $x=0$, $y=0$ のときは，y' は定義されない

(2) 関数 $xy=1$ の両辺を x で微分すると

$$(xy)'=(1)' \iff (x)'y+x(y)'=0$$ ← 左辺は積の微分法を用いる

$$\iff y+x\cdot\frac{dy}{dx}=\boxed{}^{④}$$

定義域は $x\neq 0$, $y\neq 0$ だから $\dfrac{dy}{dx}=-\dfrac{y}{x}=-\dfrac{1}{x^2}$ ← $y=\frac{1}{x}$ としたときの結果と一致する

基本練習

→ 答えは別冊 10 ページ

次の関数の導関数 $\dfrac{dy}{dx}$ を求めよ。

(1) $x^2 = y^2 + 1$

(2) $x^2 - 2xy + y^2 = 1$

もっとくわしく $x^2 + y^2 = 1$ が関数？

$x^2 + y^2 = 1$ のような x, y の方程式が与えられたとき，これから x の関数 y が定まると考えれば，このような式も x と y の関数と考え，その導関数を求めることができます。

このようなことから，$y = f(x)$ のような形で表された関数を **陽関数**，$f(x, y) = 0$ のような形で表された関数を **陰関数** と呼ぶことがあります。

37 媒介変数表示された関数の導関数

複雑な関数の導関数②

原点を中心とする半径 1 の円を表す方程式は $x^2+y^2=1$ です。その一方で、円周上の点 P と動径 OP の角 θ を用いて $P(\cos\theta, \sin\theta)$ とも表されます。

このように、曲線 C 上の点 (x, y) の間に成り立つ x, y の関係式を直接表すことで曲線 C を表すのではなく、<u>$x=\cos\theta$, $y=\sin\theta$</u> のように、x と y の関係にある文字を介在させて曲線 C を表す方法を曲線 C の**媒介変数表示**といい、x と y の仲立ちとなる θ のような文字を**媒介変数**、または**パラメータ**といいます。

$$\overset{\text{媒介変数表示}}{x^2+y^2=1 \iff x=\cos\theta, \ y=\sin\theta}$$

複雑な曲線は、この媒介変数で表されるものが多く、そうした曲線を表す関数を調べるときにも微分法がよく使われます。媒介変数としては t がよく用いられますが、それ以外の文字も用いられます。

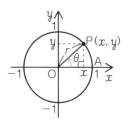

【曲線の媒介変数表示と導関数】

$x=f(t)$, $y=g(t)$ のとき

$$\frac{dy}{dx} = \frac{dy}{dt}\cdot\frac{dt}{dx} = \frac{\dfrac{dy}{dt}}{\dfrac{dx}{dt}} = \frac{g'(t)}{f'(t)}$$

例 $x=\cos\theta$, $y=\sin\theta$ であるとき

$$\frac{dx}{d\theta} = -\sin\theta, \quad \frac{dy}{d\theta} = \cos\theta$$

だから $\dfrac{dy}{dx} = \dfrac{\cos\theta}{-\sin\theta} = -\dfrac{1}{\tan\theta}$ ← $\frac{dy}{dx}$ は点 $P(\cos\theta, \sin\theta)$ での接線の傾きを表す

問題 1 曲線の媒介変数表示が次の式で与えられているとき、$\dfrac{dy}{dx}$ を t の式で表しましょう。

(1) $x=t^2$, $y=t^3-t$

(2) $x=2\sin t$, $y=4\cos t$

---

(1) $\dfrac{dx}{dt} = \dfrac{d}{dt}(t^2) = 2t$

$\dfrac{dy}{dt} = \dfrac{d}{dt}(t^3-t) = 3t^2 - \boxed{}^{❼}$

よって $\dfrac{dy}{dx} = \dfrac{3t^2-1}{2t}$

(2) $\dfrac{dx}{dt} = \dfrac{d}{dt}(2\sin t) = 2\cos t$

$\dfrac{dy}{dt} = \dfrac{d}{dt}(4\cos t) = \boxed{}^{❻}\sin t$

よって $\dfrac{dy}{dx} = \dfrac{-4\sin t}{2\cos t} = -2\tan t$

x も y も どっちも t で 微分!

なんか コレ 重っ

080

微分法

曲線の媒介変数表示が次の式で与えられているとき，$\dfrac{dy}{dx}$ を t の式で表せ。

(1)　$x=t^2,\ y=2t^3-t$

(2)　$x=\sin^2 t,\ y=2\cos t$

もっとくわしく　媒介変数表示された関数の導関数の意味

$x=f(t),\ y=g(t)$ で定められた曲線において，$\dfrac{dy}{dx}$ は，t によって定まる曲線上の点 $(x,\ y)$ における接線の傾きを表しています。これは数学Ⅱで学習した曲線 $y=f(x)$ において，$f'(x)$ が，曲線 $y=f(x)$ 上の点 $(x,\ f(x))$ における接線の傾きを表しているのと同じことです。

復習テスト 2

1

$x = a$ で微分可能な関数 $f(x)$ について,

$$\lim_{h \to 0} \frac{f(a+2h) - f(a-3h)}{h} = \boxed{\text{ア}}\, f'(a)$$

である。

2

次の関数 $f(x)$ について, $f'(2)$ をそれぞれ求めよ。

(i) $f(x) = (x+2)(x+1)^2$ のとき, $f'(2) = \boxed{\text{アイ}}$

(ii) $f(x) = \dfrac{x^2 - x + 1}{\sqrt{x}}$ のとき, $f'(2) = \dfrac{\boxed{\text{ウ}}\sqrt{\boxed{\text{エ}}}}{\boxed{\text{オ}}}$

(iii) $f(x) = 3^{\log x}$ のとき, $f'(2) = \dfrac{\boxed{\text{カ}}^{\log \boxed{\text{キ}}} \log \boxed{\text{ク}}}{\boxed{\text{ケ}}}$

(iv) $f(x) = \dfrac{e^{2x} + e^{-2x}}{e^x + e^{-x}}$ のとき, $f'(2) = \dfrac{e^{\boxed{\text{コ}}} - \boxed{\text{サ}}\, e^{-2} + \boxed{\text{シ}}\, e^2 - e^{\boxed{\text{スセ}}}}{(e^2 + e^{-2})^2}$

(v) $f(x) = \log(x + \sqrt{x^2 + 1})$ のとき, $f'(2) = \dfrac{\boxed{\text{ソ}}}{\sqrt{\boxed{\text{タ}}}}$

3

$y = e^{-x} \sin x$ のとき，

$$y'' + \boxed{\text{ア}}\, y' + \boxed{\text{イ}}\, y = 0$$

である。

4

次の各問いに答えよ。

(1) 関数 $f(x)$ は，$x < 0$ のとき，$f(x) = 0$ であり，$x \geqq 0$ のとき，$f(x) = x^2 - x$ である。このとき，次のうち正しいものは $\boxed{\text{ア}}$ である。$\boxed{\text{ア}}$ に入るものを次の①～⑤の中から選べ。

① $f(x)$ は $x = 0$ において連続でなく，微分可能でもない。

② $f(x)$ は $x = 0$ において連続であるが，微分可能ではない。

③ $f(x)$ は $x = 0$ において連続ではないが，微分可能である。

④ $f(x)$ は $x = 0$ において連続であり，微分可能である。

⑤ 上のどれでもない。

(2) 関数 $g(x)$ が，

$$g(x) = \begin{cases} x^3 & (x < 1) \\ ax^2 + bx & (x \geqq 1) \end{cases}$$

で与えられている。関数 $g(x)$ が $x = 1$ で微分可能であるならば，

$$a = \boxed{\text{イ}}, \quad b = \boxed{\text{ウエ}}$$

である。

38 接線の方程式

関数 $y=f(x)$ の $x=a$ における微分係数 $f'(a)$ が曲線 $y=f(x)$ 上の点 $(a, f(a))$ における接線の傾きに等しいことから，曲線 $y=f(x)$ における接線の方程式は次の式で与えられます。

【曲線の接線の方程式】
　曲線 $y=f(x)$ 上の点 $(a, f(a))$ における接線の方程式は　$y-f(a)=f'(a)(x-a)$

問題❶　曲線 $y=4\sqrt{x}$ 上の点 $(1, 4)$ における接線の方程式を求めましょう。

関数 $y=4\sqrt{x}$ を微分すると　$f'(x)=\dfrac{2}{\sqrt{x}}$　←—$(4\sqrt{x})'=4\cdot(\sqrt{x})'=4\cdot\dfrac{1}{2\sqrt{x}}$

$x=1$ のとき，$f'(1)=\dfrac{2}{\sqrt{1}}=$ ⬜ ^⑦ だから，接線の傾きは ⬜ ^⑦

よって，接線の方程式は

$y-4=$ ⬜ ^⑦ $(x-1)$　←—点 (a, b) を通る傾き m の直線は　$y-b=m(x-a)$

したがって　$y=$ ⬜ ^⑦ $x+2$

関数の式が $f(x, y)=0$ などで与えられた曲線に対しても，**36** で学んだように，方程式 $f(x, y)=0$ を x で微分して y' を求めることで，同様に考えることができます。

問題❷　円 $x^2+y^2=25$ の周上の点 $(3, 4)$ における接線の方程式を求めましょう。

$x^2+y^2=25$ の両辺を x で微分すると
　$2x+2yy'=0$　←—$\dfrac{d}{dx}x^2=2x$, $\dfrac{d}{dx}y^2=\dfrac{dy}{dx}\cdot\dfrac{d}{dy}y^2=y'\cdot 2y$

$y\neq 0$ のとき　$y'=-\dfrac{x}{y}$

$x=3$, $y=4$ のとき，接線の傾きは ⬜ ^⑦

よって，接線の方程式は

$y-4=$ ⬜ ^⑦ $(x-3)$

整理すると　$3x+4y=$ ⬜ ^⑦　←—円 $x^2+y^2=r^2$ の周上の点 (a, b) における接線の方程式は　$ax+by=r^2$

接線だね！
プッフゥ

1章

2章

3章 微分法の応用

4章

次のそれぞれの曲線の接線の方程式を求めよ。

(1) 曲線 $y = x \log x$ 上の点 $(e,\ e)$ における接線の方程式

(2) 曲線 $9x^2 + 16y^2 = 25$ 上の点 $(1,\ 1)$ における接線の方程式

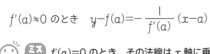 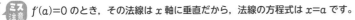 法線は，接線に垂直な直線である！

曲線 $y = f(x)$ 上の点 $(a,\ f'(a))$ の接線の方程式は $y - f(a) = f'(a)(x - a)$ でした。このとき，点 $(a,\ f(a))$ における曲線の接線と垂直な直線を，この曲線の<u>法線</u>と呼びます。

接線の傾きは $f'(a)$ ですから，法線の方程式は下のように表せます。

$f'(a) \neq 0$ のとき $y - f(a) = -\dfrac{1}{f'(a)}(x - a)$

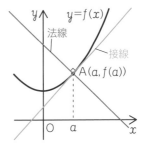

ミス注意 $f'(a) = 0$ のとき，その法線は x 軸に垂直だから，法線の方程式は $x = a$ です。

39 平均値の定理

関数 $f(x)$ が閉区間 $[a, b]$ で連続で，開区間 (a, b) で微分可能ならば

$$\frac{f(b)-f(a)}{b-a}=f'(c) \quad (a<c<b)$$

を満たす c が少なくとも1つ存在します。これを**平均値の定理**といいます。

図形的に考えると，平均値の定理は，右の図のグラフ上の

A，B間の点について，直線ABと平行な接線が少なくとも1本必ず存在することを表しています。

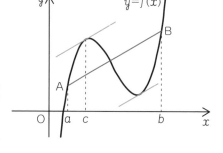

問題① 関数 $f(x)=x^2$ で，区間 $[0, 2]$ で平均値の定理を満たす c の値を求めましょう。

関数 $f(x)=x^2$ は，区間 $[0, 2]$ で連続，区間 $(0, 2)$ で微分可能であり $f'(x)=2x$

平均値の定理より $\dfrac{f(2)-f(0)}{2-0}=f'(c)$ $(0<c<2)$ を満たす c が存在する。

← ひとまとまりとして考える

一方 $\dfrac{f(2)-f(0)}{2-0}=\dfrac{2^2-0^2}{2-0}=$ ❼$\boxed{}$ ， $f'(c)=2c$

したがって $2=2c$ よって $c=$ ❶$\boxed{}$

問題② 平均値の定理を用いて，次の不等式を証明しましょう。

$$a<b \text{ のとき } \quad e^a<\frac{e^b-e^a}{b-a}<e^b$$

関数 $f(x)=e^x$ はすべての x で微分可能であり $f'(x)=$ ❼$\boxed{}$

← すべての x で「連続かつ微分可能」であることが明らかなとき，「連続」と「微分可能」を断らないこともある

区間 $[a, b]$ において，平均値の定理を用いると $\dfrac{f(b)-f(a)}{b-a}=f'(c)$ $(a<c<b)$

すなわち $\dfrac{e^b-e^a}{b-a}=e^c$ $(a<c<b)$

を満たす実数 c が存在する。$f'(x)$ は単調に増加するから ← $a<b$ のとき $f(a)<f(b)$

$a<c<b$ のとき $e^a<$ ❷$\boxed{}$ $<e^b$ ← 大小関係を表す式と，$f'(c)$ を含む不等式をつくる

すなわち $e^a<\dfrac{e^b-e^a}{b-a}<e^b$ ← $e^c=\dfrac{e^b-e^a}{b-a}$ を代入した

$f(x) = x^2 + 3x + 2$ について，区間 $[-1, 2]$ で，平均値の定理を満たす定数 c の値を求めよ。

もっとくわしく　平均値の定理って何？何に使うの？

　平均値の定理は，導関数の符号と関数の増減の関係についての考え方がその根幹にあります。問題で出題されるときは，その多くが不等式の証明においてです。不等式の中に，$f(b)-f(a)$ と $b-a$ があるときは，平均値の定理が使えないか，考えてみましょう。

40 関数の増減と極値

ある区間において関数 $f(x)$ が微分可能であるとき，次のことがわかります。

・常に $f'(x)>0$ ならば，$f(x)$ は単調に増加する

・常に $f'(x)=0$ ならば，$f(x)$ は定数である

・常に $f'(x)<0$ ならば，$f(x)$ は単調に減少する

また，右のグラフが表すように，連続する関数 $f(x)$ について，

・減少から増加に変わるとき，$f(x)$ は $x=a$ と $x=c$ で**極小**である

・増加から減少に変わるとき，$f(x)$ は $x=b$ で**極大**である

といい，極小となる $f(x)$ の値を**極小値**，極大となる $f(x)$ の値を**極大値**といいます。また，極大値と極小値をまとめて**極値**といいます。極値に関しては，次のことが成り立ちます。

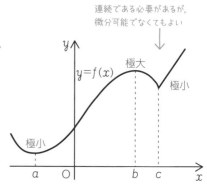

極大・極小をとるには，連続である必要があるが，微分可能でなくてもよい

【極値と微分係数】

$x=a$ で微分可能な関数 $f(x)$ について

$x=a$ で極値をとる $\longrightarrow$ $f'(a)=0$

 関数 $f(x)=x^3$ は，$f'(x)=3x^2$ で，$f'(0)=0$ ですが，$f'(x)=3x^2≧0$ であるために，$f'(x)$ の符号変化（$+ \to -$，$- \to +$）は起こりません。

このように，「$x=a$ で極値をとる $\longrightarrow$ $f'(a)=0$」は正しくても，その逆は成り立ちません。

関数 $f(x)$ の極値を求めるには，$f'(a)=0$ となる $x=a$ の前後で $f'(x)$ の符号の変化を調べる必要があります。一般的には，増減表を用いた方法がよく用いられます。

問題 1 増減表をつくって，関数 $f(x)=x^2-4\sqrt{x}$ の極値を求めましょう。

関数の定義域は $x≧0$ である。 $\longleftarrow$ $\sqrt{x}$ から x の範囲に制限が生じることに注意

$$f'(x)=2x-\frac{4}{2\sqrt{x}}=2\left(x-\frac{1}{\sqrt{x}}\right)=2\cdot\frac{(\sqrt{x})^3-1}{\sqrt{x}} \quad \longleftarrow x^3-a^3=(x-a)(x^2+ax+a^2)$$

$$=2\cdot\frac{(\sqrt{x}-1)(x+\sqrt{x}+1)}{\sqrt{x}}$$

$x≧0$ だから $x+\sqrt{x}+1>0$

したがって，$f'(x)=0$ のとき $x=$ 〼 $\quad \longleftarrow \sqrt{x}-1=0$

よって，$f(x)$ の増減表は右のようである。

$f(x)$ は $x=1$ で極小となり，極小値は $f(1)=1^2-4\sqrt{1}=-3$

$x=0$ で $f'(x)$ は存在しないことに注意する

x	0	$\cdots$	1	$\cdots$
$f'(x)$		$-$	0	$+$
$f(x)$	0	$\searrow$	極小	$\nearrow$

微分法の応用

増減表をつくって，関数 $f(x)=xe^{-2x}$ $(x \geqq 0)$ の極値を求めよ。

もっと くわしく　極値の判定法

極値の判定法としては，第2次導関数を利用する方法もあります。

$f''(x)$ が連続関数であるとき

① $f'(a)=0$ かつ $f''(a)>0$ であれば，$f(a)$ は極小値である

② $f'(a)=0$ かつ $f''(a)<0$ であれば，$f(a)$ は極大値である

⑩ 関数 $f(x)=x^3-12x$ の極値について

$$f'(x)=3x^2-12=3(x+2)(x-2),$$

$$f''(x)=(3x^2-12)'=6x$$

であり，$f'(-2)=f'(2)=0$ より

$f''(-2)=-12<0$ だから　$f(-2)$ は極大値　←接線の傾きが減少している状態

$f''(2)=12>0$ だから　$f(2)$ は極小値　←接線の傾きが増加している状態

$y=f'(x)$

極値

⊕　⊕

極大値　極小値

⊖

x

41 最大・最小 関数の最大・最小

閉区間 $[a, b]$ における関数 $f(x)$ が連続であれば，$f(x)$ は必ず最大値と最小値をもちます。

極値は最大値や最小値の候補ともなりますので，増減表をつくって調べることが基本となります。

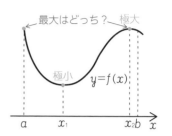

ただし，必ずしも極大値が最大値，極小値が最小値となるとは限りません。右の $y=f(x)$ のグラフのような場合で，（極小値）＝（最小値）は明らかですが，極大値が最大値かどうかは明らかではありません。

必ず端点の関数の値 $f(a)$ と極大値 $f(x_2)$ を比較する必要があります。その意味でも増減表に $f(a)$ と $f(b)$ の値を明記するようにします。増減表が関数の最大・最小の値の根拠となるからです。

問題 1 $0 \leqq x \leqq \pi$ における関数 $f(x) = \sin 2x - x$ の最大値と最小値を求めましょう。

$$f'(x) = 2\cos 2x - 1 \quad \longleftarrow (\sin 2x)' \text{ は，} \sin 2x \text{ を } \sin X, X=2x \text{ の合成関数とみて}$$
$$\frac{d}{dx}(\sin 2x) = \frac{dX}{dx} \cdot \frac{d}{dX}(\sin X) = (2x)' \cdot (\sin X)' = 2 \cdot \cos X = 2\cos 2x$$

$0 \leqq x \leqq \pi$ において，$f'(x)=0$ のとき，$\cos 2x = \dfrac{1}{2}$ から $\quad \longleftarrow 0 \leqq 2x \leqq 2\pi$ に注意する

⑦ ◯ $x = \dfrac{\pi}{3}, \dfrac{5}{3}\pi$ すなわち $x = \dfrac{\pi}{6}, \dfrac{5}{6}\pi$

さらに $f\!\left(\fbox{◀}\right) = \sin 0 - 0 = 0$, $f(\pi) = \sin 2\pi - \pi = -\pi$ $\quad \longleftarrow$ 端点の関数の値を求める

$$f\!\left(\frac{\pi}{6}\right) = \sin\frac{\pi}{3} - \frac{\pi}{6} = \frac{\sqrt{3}}{2} - \frac{\pi}{6} = \frac{3\sqrt{3} - \pi}{6} \quad (=\alpha \text{ とおく})$$

$$f\!\left(\frac{5}{6}\pi\right) = \sin\frac{5}{3}\pi - \frac{5}{6}\pi = -\frac{\sqrt{3}}{2} - \frac{5}{6}\pi = \frac{-3\sqrt{3} - 5\pi}{6} \quad (=\beta \text{ とおく})$$

したがって，増減表は右のようになる。

このとき $\quad \alpha > 0 > -\pi$

$\beta < -\pi < 0$

よって，$0 \leqq x \leqq \pi$ における $f(x)$ の

最大値は $f\!\left(\dfrac{\pi}{6}\right) = \dfrac{3\sqrt{3} - \pi}{6}$

最小値は $f\!\left(\dfrac{5}{6}\pi\right) = \dfrac{-3\sqrt{3} - 5\pi}{6}$

x	0	$\cdots\cdots$	$\dfrac{\pi}{6}$	$\cdots\cdots$	$\dfrac{5}{6}\pi$	$\cdots\cdots$	π
$f'(x)$		$+$	0	$-$	0	$+$	
$f(x)$	0	↗	極大 α	↘	極小 β	↗	$-\pi$

$0 \leqq x \leqq \pi$ における関数 $f(x) = \cos^3 x + \sin^3 x$ の最大値と最小値を求めよ。

 閉区間 $[a, b]$ における関数 $f(x)$ の最大・最小の問題では，常に，端点の値 $f(a)$, $f(b)$ と極値との大小関係を意識する必要があります。

もっとくわしく グラフは答案にいらない？

　最大値・最小値を求めるというだけの問題ならば，答案には，正しい増減表があれば問題ありません。しかし，増減表だけでは関数の増加・減少のイメージが今ひとつはっきりしないときは，自分の理解のためにグラフをかく手間を惜しんではいけません。このときのグラフは，どこにあっても，簡単なものでもかまいません。

　また，答案にグラフがあるとミスを減らすことに役立つことが多いため，無理のない範囲で答案にグラフをかくことを推奨します。

42 曲線の凹凸と変曲点

曲線の凹凸の判定

一般に，区間 $[a, b]$ 内の曲線 $y=f(x)$ 上の任意の 2点A，Bを結んだ線分の下に曲線の弧があるとき，曲線 $y=f(x)$ はこの区間内で**下に凸**といい，曲線の弧が線分ABの上にあるときは**上に凸**といいます。この条件は，グラフの形状を決定します。

上に凸，下に凸という形状は，第2次導関数 $f''(x)$ を用いて，次のように言い換えられます。

【曲線の凹凸の判定】

曲線 $y=f(x)$ が閉区間 $[a, b]$ において，第2次導関数 $f''(x)$ をもつとき

　常に $f''(x)>0$ ならば，曲線 $y=f(x)$ はこの区間で下に凸である

　常に $f''(x)<0$ ならば，曲線 $y=f(x)$ はこの区間で上に凸である

 曲線 $y=f(x)$ について
・上に凸の区間で，接線の傾きは常に減少する
・下に凸の区間で，接線の傾きは常に増加する
曲線の凹凸が入れ替わる点を<u>変曲点</u>といいます。

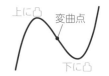

問題 ❶ 関数 $y=x^3-3x^2-9x$ の増減とグラフの凹凸を調べて表にまとめましょう。

曲線 $y=x^3-3x^2-9x$ において　← $y=ax^3+bx^2+cx+d$ のとき　$y'=3ax^2+2bx+c$

$$y'=3x^2-\boxed{}^{⑦}x-9=3(x^2-2x-3)$$

$$=3\left(x-\boxed{}^{④}\right)(x+1)$$

$$y''=\left(3x^2-\boxed{}^{⑦}x-9\right)' \quad ← \begin{array}{l} y=ax^3+bx^2+cx+d \text{ のとき}\\ y''=(y')'=(3ax^2+2bx+c)'=6ax+2b \end{array}$$

$$=6x-\boxed{}^{⑰}=6\left(x-\boxed{}^{⊑}\right)$$

よって，y' と y'' の符号を調べて表にまとめると右のようになる。

x	……	-1	……	1	……	3	……
y'	$+$	0	$-$	$-$	$-$	0	$+$
y''	$-$	$-$	$-$	0	$+$	$+$	$+$
	上に凸				下に凸		
y	↗	極大	↘	変曲点	↘	極小	↗

↑ $y''<0$ なら下に凸，$y''>0$ なら上に凸

表において，「↘」は下に凸で単調に減少している　「↗」は下に凸で単調に増加している
　　　　「↗」は上に凸で単調に増加している　「↘」は上に凸で単調に減少している
という状態をそれぞれ表している。

基本練習

→ 答えは別冊 12 ページ

関数 $y = x^4 - 4x^3$ の増減とグラフの凹凸を調べて表にまとめよ。

もっと くわしく　極値を調べるポイントは？

関数 $y = x^3$ において，
$$y' = 3x^2, \quad y'' = 6x$$
ですから，y の増減と凹凸は右の表のようになります。

関数 $y = x^3$ は極値をもちませんが，そのグラフは変曲点をもちます。

x	……	0	……
y'	+	0	+
y''	−	0	+
y	↗		↗

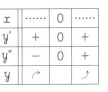

その一方，関数 $y = x^4$ においては
$$y' = 4x^3, \quad y'' = 12x^2$$
ですから，y の増減と凹凸は右の表のようになります。

関数 $y = x^4$ は極値はもちますが，そのグラフは変曲点をもちません。

x	……	0	……
y'	−	0	+
y''	+	0	+
y	↘		↗

このことからも，極値や変曲点について調べるときは，$y' = 0$ や $y'' = 0$ となる x の前後での，y' や y'' の符号の変化の有無を確認することに重要な意味があることがわかります。

43 微分法とグラフ グラフのかき方

42 では，関数の増減とグラフの凹凸についてくわしく調べました。関数の増減と凹凸はグラフをかくうえで大変重要なことですが，それ以外にも押さえるべきポイントがいくつかあります。

そのポイントをまとめると，右のようになります。このポイントを意識して，関数のグラフをかいていきましょう。

【グラフをかくポイント】
① 定義域　　② 対称性　　③ 増減，極値
④ 凹凸，変曲点　⑤ 漸近線　⑥ 座標軸との交点

とくに，⑤の漸近線は，次のように調べます。

❶ $\lim\limits_{x \to c+0} f(x)$，$\lim\limits_{x \to c-0} f(x)$ のうち，少なくとも一方が ∞，または $-\infty$ であるとき，
直線 $x=c$ は漸近線

❷ $\lim\limits_{x \to \infty}\{f(x)-(ax+b)\}=0$ または $\lim\limits_{x \to -\infty}\{f(x)-(ax+b)\}=0$ であるとき，
直線 $y=ax+b$ は漸近線

問題 1　関数 $y=xe^{-x}$ のグラフを，増減や凹凸を調べてかきましょう。

$f(x)=xe^{-x}$ とおくと　← 定義域は実数全域，対称でないのは明らかだから，①と②は省略

$f'(x)=(xe^{-x})'=(x)'e^{-x}+x(e^{-x})'$

$\quad =e^{-x}-xe^{-x}$

$\quad =\left(\boxed{}-x\right)e^{-x}$　← $x=1$ の前後で $f'(x)$ の符号が変化する

$f''(x)=(e^{-x}-xe^{-x})'=-e^{-x}-(xe^{-x})'$

$\quad =-e^{-x}-(1-x)e^{-x}$　← e^x や e^{-x} を含む $f(x)$ の微分法の計算では，$f'(x)$ と同じ項がよく現れる

$\quad =\left(x-\boxed{}\right)e^{-x}$　← $x=2$ の前後で $f''(x)$ の符号が変化する

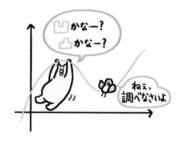

よって，$f(x)$ の増減表は右のようになる。

また，漸近線については

x	……	1	……	2	……
y'	+	0	−	−	−
y''	−	−	−	0	+
y	↗	e^{-1}	↘	$2e^{-2}$	↘

$\lim\limits_{x \to \infty} f(x)=\lim\limits_{x \to \infty}\dfrac{x}{e^x}=0$　← $\lim\limits_{x \to \infty}\{f(x)-0\}=0$

$\lim\limits_{x \to -\infty} f(x)=\lim\limits_{x \to \infty} f(-x)=\lim\limits_{x \to \infty}(-xe^x)=-\infty$

だから，直線 $y=0$（x 軸）が漸近線である。

$x=0$ のとき，$y=0$ となることに注意して，$y=f(x)$ のグラフをかくと，上のようになる。

1章

2章

3章
微分法の応用

4章

関数 $y=xe^x$ のグラフを，増減や凹凸を調べてかけ。

もっとくわしく　グラフのかき方(漸近線)についての補足事項

　ある関数が漸近線をもつかどうかは，ある程度，関数を表す式の形や増減表から判断できます。

　例えば，$xy=1$ や $y=\dfrac{x^2+1}{x-1}$ のような分数関数のグラフであれば，漸近線をもつことが予想されます。

　また，「e^{-x}」を含むような指数関数のグラフであれば，「e^{-x}」は $x \to \infty$ のときに収束し，$x \to -\infty$ では発散しますから，漸近線をもつ可能性が高くなります。

　関数の形の特徴を捉え，漸近線をもつことが予想される場合には，その漸近線がどのようなものかを調べる必要があります。

44 微分法と不等式 不等式への応用

　微分法を不等式に応用することは数学Ⅱでも学習しました。数学Ⅲでも，基本的な考え方は変わりません。しかし，数学Ⅲで学習する多くの関数の微分法や高次導関数，その考え方を活用することで，より複雑な不等式の問題に対応できるようになります。

> **問題❶**　$x>0$ のとき，次の不等式が成り立つことを示しましょう。
>
> (1) $e^x>1+x$　　(2) $e^x>1+x+\dfrac{1}{2}x^2$

(1) $f(x)=e^x-(1+x)$ とおくと　←──$x>0$ で，$f(x)>0$ を示すことが目標

　　　$f'(x)=e^x-1$　←──$(e^x-(1+x))'=(e^x)'-(1+x)'=e^x-1$

　　$f'(x)=0$ のとき　$e^x-1=0$　すなわち　$x=\boxed{}$ ❓ ア

x	0	$\cdots$
$f'(x)$	0	$+$
$f(x)$	0	$\nearrow$

　　$x>0$ のとき　$e^x-1>0$　$(\Longleftrightarrow f'(x)>0)$
　　だから，$f(x)$ の増減表は右のようになる。　←──$f(x),\ f'(x)$ の増減が明確なときは，表は省いてもよい
　　よって，$x>0$ で　$f(x)=e^x-(1+x)>0$
　　すなわち　$e^x>\boxed{}+x$ ❓ イ

(2) $g(x)=e^x-\left(1+x+\dfrac{1}{2}x^2\right)$ とおくと　$g'(x)=e^x-(1+x)$　←──$x>0$ で，$g(x)>0$ を示すことが目標

　　(1)の結果より，$x>0$ で　$g'(x)=e^x-(1+x)>0$　←──$g(x)$ は $x>0$ で増加し続ける

　　一方　$g(0)=e^0-\boxed{}=0$　←──$x\geqq0$ での $g(x)$ の最小値は 0 ❓ ウ

　　よって，$x>0$ で　$g(x)=e^x-\left(1+x+\dfrac{1}{2}x^2\right)>0$

　　すなわち　$e^x>1+x+\dfrac{1}{2}x^2$

　　この結果から　$e^x>\dfrac{1}{2}x^2$　　$\dfrac{e^x}{x}>\dfrac{1}{2}x$ より　$x\longrightarrow\infty$ のとき　$\dfrac{e^x}{x}\longrightarrow\infty$

が成り立ちます。一般には，次のことが成り立ちます。

$$\lim_{x\to\infty}\frac{e^x}{x^n}=\infty,\ \lim_{x\to\infty}\frac{x^n}{e^x}=0\quad(n\text{ は任意の自然数})\quad\text{←──今後，既知のこととして使う}$$

基 本 練 習

答えは別冊 12 ページ

$x > 0$ のとき，$x > \log(1+x)$ が成り立つことを示せ。

もっとくわしく　方程式への応用

　方程式 $f(x)=0$ の $f(x)$ が複雑になると，この解を直接求めることは難しくなります。しかし，$y=f(x)$ とおいて，関数 $y=f(x)$ について細かく調べることで，実際の方程式の解に近い値を数値計算で求めることができるようになります。

解けた時の
快感!!

45 速度と加速度

物体 P を高い塔から静かに落下させたとき，t 秒後に x メートル落下したとすると，x は

$$x=\frac{1}{2}gt^2 \quad (x \text{ は落下した移動距離，} t \text{ は落下が始まってからの時間，} g \text{ は比例定数})$$

で与えられることが知られています。ここで，x は t の関数ですから，$x=f(t)$ とおいて，時間の変化量を Δt，Δt に対応する距離の変化を Δx とすれば　$\dfrac{\Delta x}{\Delta t}=\dfrac{f(t_2)-f(t_1)}{t_2-t_1}$

であり，$\dfrac{\Delta x}{\Delta t}$ は，時刻 t_1 から t_2 における平均速度を表すことになります。　←─速度には向きがある

さらに，$\Delta t=t_2-t_1$ から $t_2=t_1+\Delta t$ であり，Δt を小さくしていけば，t_2 は t_1 に近づき，

$\Delta t \longrightarrow 0$ のとき，$\dfrac{\Delta x}{\Delta t}$ は時刻 t_1 における物体 P の瞬間速度を表すことになります。

つまり　$\displaystyle\lim_{\Delta t\to 0}\frac{\Delta x}{\Delta t}=\lim_{\Delta t\to 0}\frac{f(t+\Delta t)-f(t)}{\Delta t}=f'(t)$

これは，時間の関数として与えられた移動距離 $f(t)$ を微分すると**速度**が得られることを表しています。同様に，速度 $f'(t)$ の変化の様子を調べるなら，$(f'(t))'$ を調べることになります。このとき，$f''(t)$ を**加速度**といいます。一般には，次のようになります。

【速度と加速度】

　ある動点 P の移動距離 x が時間の関数 $x=f(t)$ で表されるとき，時刻 t における点 P の速度を v，加速度を α とおくと

$$v=\frac{dx}{dt}=f'(t), \quad \alpha=\frac{dv}{dt}=\frac{d^2x}{dt^2}=f''(t)$$

ぼくの速度を求めてー!!

問題 ①　ある物体 P を高い塔から静かに落下させたとき，3 秒間の落下距離 x，その時点での落下速度 v と加速度 α を求めてみましょう。ただし，$g=9.8$ m／(秒)^2 とします。

$x=\dfrac{1}{2}gt^2$ で，$g=9.8$ だから　$x=\boxed{}^{\text{⑦}}\,t^2$

$t=3$ のときは　$x=4.9\cdot 3^2=44.1\,(\mathrm{m})$

また，$v=x'=(4.9t^2)'=9.8t$ だから，$t=3$ のときの P の速度は

$\qquad v=9.8\cdot 3=29.4\,(\mathrm{m／s})$ ←─秒速 29.4 m は時速 105.84 km

同様に，$\alpha=v'=(9.8t)'=\boxed{}^{\text{④}}$ より，$t=3$ における P の加速度は　$9.8\,\mathrm{m／s}^2$ ←─t の値によらない

1章

2章

3章
微分法の応用

4章

x 軸上を移動する点Pのある時刻 t における座標が

$$x = 2t - t^2$$

で表されるとき，$t = 10$ における点Pの位置と，そのときの速度 v と加速度 α を求めよ。

もっとくわしく　座標平面上の速度と加速度

　ここまで，一直線上を動く動点について考えてきました。座標平面上の動点に関しては，一般に，x 軸方向，y 軸方向の動きに分解して考えることとなります。

　時刻 t の点Pの座標が $(x(t),\ y(t))$ であれば，t における点Pの速度は $\left(\dfrac{dx}{dt},\ \dfrac{dy}{dt} \right)$ と表されます。

　点Pの x 軸方向の速度を v_x，y 軸方向の速度を v_y とおくとき，$|\vec{v}| = \sqrt{v_x{}^2 + v_y{}^2}$ として定めた $|\vec{v}|$ を点Pの<u>速さ</u>といいます。

　速度と同様，座標平面上の加速度についても x 軸方向と y 軸方向に分解して考えます。

　t 秒後の点Pの速度が $\left(\dfrac{dx}{dt},\ \dfrac{dy}{dt} \right)$ であれば，t における点Pの加速度は $\left(\dfrac{d^2x}{dt^2},\ \dfrac{d^2y}{dt^2} \right)$ と表されます。

　点Pの x 軸方向の加速度を α_x，y 軸方向の加速度を α_y とおくとき，$|\vec{\alpha}| = \sqrt{\alpha_x{}^2 + \alpha_y{}^2}$ として定めた $|\vec{\alpha}|$ を，点Pの<u>加速度の大きさ</u>といいます。

→ 答えは別冊25〜27ページ

復習テスト ③

1 曲線 $y = x^2 - 3x + \dfrac{1}{x}$ 上の点 P $(1,\ -1)$ における接線の方程式は

$$y = \boxed{アイ}\, x + \boxed{ウ}$$

であり，点 P における曲線 $y = x^2 - 3x + \dfrac{1}{x}$ の法線の方程式は

$$y = \dfrac{\boxed{エ}}{\boxed{オ}}\, x - \dfrac{\boxed{カ}}{\boxed{キ}}$$

である。

　また，曲線 $y = \log x$ 上の点 Q $(e^2,\ 2)$ における接線の方程式は

$$y = \dfrac{x}{e^{\boxed{ク}}} + \boxed{ケ}$$

であり，点 Q における曲線 $y = \log x$ の法線の方程式は

$$y = -e^{\boxed{コ}}\, x + e^{\boxed{サ}} + \boxed{シ}$$

である。

2 関数 $f(x) = e^x \cos x + e^{-x} \sin x \ \left(0 \le x \le \dfrac{\pi}{2}\right)$ は

$$x = \dfrac{\pi}{\boxed{ア}} \text{ のとき, 最大値 } \dfrac{\sqrt{\boxed{イ}}}{\boxed{ウ}}\left(e^{-\frac{\pi}{\boxed{ア}}} + e^{\frac{\pi}{\boxed{ア}}}\right)$$

をとり，$x = \dfrac{\pi}{\boxed{エ}}$ のとき，最小値 $e^{-\frac{\pi}{\boxed{オ}}}$ をとる。$\left(\text{ただし, } -\dfrac{\pi}{\boxed{オ}} \text{ は指数である。}\right)$

3

関数 $y = xe^x$ は，$x = \boxed{アイ}$ のとき，極値 $\boxed{ウ}\,e^{\boxed{エオ}}$ をとる。

また，この曲線の変曲点の座標は

$$\left(\boxed{カキ}\,,\ \boxed{クケ}\,e^{\boxed{コサ}}\right)$$

である。したがって，曲線は

$x \boxed{シ} \boxed{スセ}$ で上に凸

$x \boxed{ソ} \boxed{スセ}$ で下に凸

である。

$\boxed{シ}$ と $\boxed{ソ}$ については，右の選択肢から選び，番号で答えよ。ただし，同じものを繰り返し選んでもよいものとする。

【選択肢】

① $>$　　② $<$　　③ $\geqq$　　④ $\leqq$

さらに，$\displaystyle\lim_{x \to -\infty} xe^x = \boxed{タ}$ である。これらのことから，関数 $y = xe^x$ のグラフの概形として下の4つのグラフから最も適切なものを選ぶと，$\boxed{チ}$ となる。

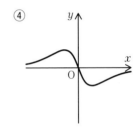

① 　② 　③ 　④

4

3次方程式 $x^3 - kx + 2 = 0$ が異なる3つの実数解をもつのは，$k \boxed{ア} \boxed{イ}$ のときである。

$\boxed{ア}$ に入るものについては，次の選択肢から選び，番号で答えよ。

【選択肢】

① $>$　　② $<$　　③ $=$　　④ $\leqq$　　⑤ $\geqq$

46 積分する ⟺ 微分する

積分法の基本①

関数 $f(x)$ に対して，$F'(x)=f(x)$ を満たす関数 $F(x)$ を，$f(x)$ の**不定積分**または**原始関数**といい，$\int f(x)dx$ で表します。

関数 $f(x)$ の不定積分を求めることを $f(x)$ を**積分する**といい，$f(x)$ を**被積分関数**，x を**積分変数**といいます。

$F'(x)=f(x)$ であるとき，C を定数とすると

$$\{F(x)+C\}'=f(x)$$

が成り立ちます。C はどんな数値でもよいので，$f(x)$ に対応する原始関数は無数に存在することになります。$f(x)=\{F(x)+C\}'$ における C を**積分定数**といいます。

すなわち　$\int f(x)dx=F(x)+C$　（ただし，C は積分定数）

関数の不定積分では，これまでに学習した導関数の公式を逆の形で利用していきます。

微分する
$F(x)+C \longrightarrow f(x)$
積分する

【不定積分の基本公式】

[1]　$\int x^{\alpha}dx=\dfrac{1}{\alpha+1}x^{\alpha+1}+C$　（α は実数，$\alpha \neq -1$）

[2]　$\int x^{-1}dx=\int \dfrac{1}{x}dx=\log|x|+C$

[3]　$\int kf(x)dx=k\int f(x)dx$　（k は定数）

[4]　$\int \{f(x)\pm g(x)\}dx=\int f(x)dx \pm \int g(x)dx$　（複号同順）

逆！

微分の逆って言ったけども！

問題 1　次の関数の不定積分を求めましょう。

(1) $\int \dfrac{1}{x^2}dx$　　(2) $\int \dfrac{x^2+2}{x}dx$

(1) $\int \dfrac{1}{x^2}dx=\int x^{-2}dx=\dfrac{1}{-2+\boxed{❼}}x^{-2+1}+C$　←不定積分の基本公式 [1]

$$=-x^{-1}+C=-\dfrac{1}{x}+C$$

(2) $\int \dfrac{x^2+2}{x}dx=\int \left(x+\dfrac{2}{x}\right)dx=\int x dx+2\int \dfrac{1}{x}dx$　←不定積分の基本公式 [3], [4]

$$=\boxed{❶}x^2+2\log|x|+C$$　←不定積分の基本公式 [1], [2]

102

→ 答えは別冊13ページ

次の関数の不定積分を求めよ。

(1) $\displaystyle\int x^n(x+1)\,dx$

(2) $\displaystyle\int (x+1)\left(\frac{1}{x}+1\right)dx$

ミス注意 本書では積分定数の断り書きを省略しますが，問題を解くときには「+C（積分定数）」を忘れないように気をつけましょう。

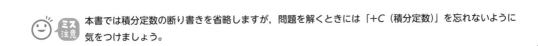 理由が♡わかる 積分計算のコツは？

不定積分の基本公式［1］，［2］が本当に成り立つか，微分することで確かめてみましょう。

$$\left(\frac{1}{\alpha+1}x^{\alpha+1}+C\right)' = \frac{1}{\alpha+1}\cdot(\alpha+1)x^{(\alpha+1)-1}+(C)' \quad \leftarrow (x^\alpha)'=\alpha\cdot x^{\alpha-1},\ (定数)'=0$$
$$=x^\alpha$$

$$(\log|x|+C)'=\frac{1}{x} \quad \leftarrow 対数関数の微分法$$

関数 x^β の積分では，$\beta=-1$ つまり $\frac{1}{x}$ のときに必ず対数関数になると覚えましょう。積分の公式を忘れてしまったときは，微分して $f(x)$ になる方法を逆算して考えることが大切です。

47 導関数の公式を利用した積分法

不定積分の計算は，導関数の公式の逆算となることから，その基本となるものについては覚えておくと計算が素早くできます。その典型的なものをまとめておきましょう。

【三角関数の不定積分】

[1] $(\sin x)'=\cos x \longleftrightarrow \int \cos x\,dx=\sin x+C$

[2] $(\cos x)'=-\sin x \longleftrightarrow \int \sin x\,dx=-\cos x+C$

[3] $(\tan x)'=\dfrac{1}{\cos^2 x} \longleftrightarrow \int\left(\dfrac{1}{\cos^2 x}\right)dx=\tan x+C$

[4] $\left(\dfrac{1}{\tan x}\right)'=-\dfrac{1}{\sin^2 x} \longleftrightarrow \int\dfrac{1}{\sin^2 x}\,dx=-\dfrac{1}{\tan x}+C$

【指数関数の不定積分】

[1] $(e^x)'=e^x \longleftrightarrow \int e^x\,dx=e^x+C$

[2] $(a^x)'=a^x \log a \longleftrightarrow \int a^x\,dx=\dfrac{a^x}{\log a}+C$

暗記したほうがいいよ

…だよねぇ

問題❶ 次の不定積分を求めましょう。

(1) $\displaystyle\int(4\cos x+3\sin x)dx$　　(2) $\displaystyle\int(2^x-e^x)dx$

(3) $\displaystyle\int\left(\dfrac{1}{\cos^2 x \sin^2 x}\right)dx$

---

(1) $\displaystyle\int(4\cos x+3\sin x)dx=4\sin x-\boxed{}^{\ⓐ}\cos x+C$　←——三角関数の不定積分 [1], [2]

(2) $\displaystyle\int(2^x-e^x)dx=\dfrac{2^x}{\log\boxed{}^{\ⓑ}}-e^x+C$　←——指数関数の不定積分 [1], [2]

(3) $\displaystyle\int\left(\dfrac{1}{\cos^2 x \sin^2 x}\right)dx=\int\dfrac{\sin^2 x+\cos^2 x}{\cos^2 x \sin^2 x}\,dx$

$=\displaystyle\int\dfrac{1}{\cos^2 x}\,dx+\int\dfrac{1}{\sin^2 x}\,dx$　←——三角関数の不定積分 [3], [4]

$=\boxed{}^{\ⓒ}-\dfrac{1}{\tan x}+C$

次の不定積分を求めよ。

(1)　$\displaystyle\int(\cos x-\sin x)\,dx$

(2)　$\displaystyle\int(3^x-2e^x)\,dx$

(3)　$\displaystyle\int\left(\frac{1}{\cos^2 x}+\frac{1}{\sin^2 x}\right)dx$

(4)　$\displaystyle\int\frac{e^x-e^{2x}}{2e^x}\,dx$

もっとくわしく　積分定数のつけ方

積分計算における積分定数 C は，$\int$ が外れた段階でつけます。

例　$\displaystyle\int(\cos x+x^2)\,dx=\int\cos x\,dx+\int x^2\,dx$

$\displaystyle\qquad\qquad\qquad=\sin x+\frac{1}{3}x^3+C$　←積分定数 C はここでつける

また，$\displaystyle\int kf(x)\,dx=k\int f(x)\,dx,\ \ \int\{f(x)\pm g(x)\}\,dx=\int f(x)\,dx\pm\int g(x)\,dx$

のような不定積分の等式では，両辺の積分定数の違いについては考えません。

インテグラルが外れた時、
C、絶対忘れ
ないでね？

48 $f(ax+b)$ の不定積分

$F'(x)=f(x)$ であるとき，合成関数の微分法から

$$\{F(ax+b)\}'=(ax+b)'\cdot f(ax+b)=af(ax+b)$$

が成り立ちます。このことを $\int$ を用いて表せば

$$\int f(ax+b)dx=\frac{1}{a}F(ax+b)+C \quad (ただし，a\neq 0)$$

例 $\int \cos(3x+1)dx=\frac{1}{3}\sin(3x+1)+C$ ← $\int \cos t\,dt,\ t=3x+1$

問題 1 次の不定積分を求めましょう。

(1) $\int (2x-1)^2 dx$ 　　(2) $\int \sqrt{3x+1}\,dx$ 　　(3) $\int e^{2x+1} dx$

(4) $\int \dfrac{1}{4x-1}\,dx$

---

(1) $\int (2x-1)^2 dx=\frac{1}{2}\cdot\frac{1}{2+1}\cdot(2x-1)^{2+1}+C$ ← $\int t^2 dt,\ t=2x-1$

$\int t^2 dt=\dfrac{t^{2+1}}{2+1}+C$ を忘れずに行う

$$=\frac{1}{6}\left(\boxed{}x-1\right)^3+C$$

(2) $\int \sqrt{3x+1}\,dx=\int (3x+1)^{\frac{1}{2}}dx$ ← $\int t^{\frac{1}{2}}dt,\ t=3x+1$

$$=\frac{1}{3}\cdot\frac{1}{\frac{1}{2}+1}\cdot(3x+1)^{\frac{1}{2}+1}+C \quad \text{←} \int t^{\frac{1}{2}}dt=\frac{t^{\frac{1}{2}+1}}{\frac{1}{2}+1}+C$$

$$=\frac{2}{9}\left(\boxed{}x+1\right)^{\frac{3}{2}}+C$$

(3) $\int e^{2x+1}dx=\boxed{}e^{2x+1}+C$ ← $\int f(ax+b)dx=\frac{1}{a}F(ax+b)+C$ で，$f(t)=e^t$ のとき $F(t)=f(t)$

(4) $\int \dfrac{1}{4x-1}\,dx=\boxed{}\log|4x-1|+C$ ← $\int \frac{1}{t}dt=\log|t|+C,\ t=4x-1$

😊 $\int f(ax+b)dx$ は，$f(t)$，$t=ax+b$ とおくことができることから，合成関数の導関数をもとにした積分であるといえます。

基本練習

答えは別冊 13 ページ

次の不定積分を求めよ。

(1)　$\displaystyle \int (5x+3)^2 dx$

(2)　$\displaystyle \int \sin(3\theta+1)\, d\theta$

(3)　$\displaystyle \int e^{-2x-1} dx$

(4)　$\displaystyle \int \frac{1}{(2x+1)^2} dx$

もっとくわしく $\displaystyle \int f(ax+b)\,dx = \frac{1}{a} F(ax+b)+C$ について

$\displaystyle \int f(ax+b)dx = \frac{1}{a} F(ax+b)+C$ は，**49** で学習する置換積分法の特別な場合にすぎませんが，頻繁に使うことになるので覚えておきましょう。t^n や $\sin t$ などの式の特徴的な形に着目することが大切です。

49 置換積分法② 置き換えて積分する

複雑な関数の不定積分を求めるとき，$x=(t$ の式$)$，$(x$ の式$)=u$ と置き換えて，関数を簡単にするとうまくいくときがあります。これらは公式として活用できるようにしておきましょう。

【置換積分法】
[1] $\displaystyle\int f(x)dx = \int f(g(t))g'(t)dt$　（ただし，$x=g(t)$）
[2] $g(x)=u$ と置き換えることができるとき
$\displaystyle\int f(g(x))g'(x)dx = \int f(u)du$

置き換えよう！

このような置き換えを行う積分を<u>置換積分法</u>といいます。

問題❶ 次の不定積分を，置換積分法で求めましょう。

(1) $\displaystyle\int x(x-1)^2 dx$　　(2) $\displaystyle\int \sin^3 x \cos x dx$

---

(1) $x-1=t$ とおくと，$x=t+1$ で $\dfrac{dx}{dt}=1$ より　$\underline{dx=dt}$ ← $\frac{dx}{dt}=1$ の分母を払った形

よって　$\displaystyle\int x(x-1)^2 dx = \int (t+1)t^2 dt$
$= \displaystyle\int t^3 dt + \int t^2 dt$ ← 置換積分法 [1]
$= \boxed{}^{⑦} t^4 + \boxed{}^{④} t^3 + C$
$= \dfrac{1}{4}(x-1)^4 + \dfrac{1}{3}(x-1)^3 + C$ ← $t=x-1$

(2) $\sin x=u$ とおくと，$(\sin x)'=\dfrac{du}{dx}$ より　$\underline{(\sin x)'dx=du}$

よって　$\displaystyle\int \sin^3 x \cos x dx = \int \sin^3 x \cdot (\sin x)' dx$ ← 置換積分法 [2]
$= \displaystyle\int u^3 du = \dfrac{1}{4}u^4 + C$
$= \boxed{}^{⑦} \sin^4 x + C$

 x^2 や $\sin x$ など，「$x=\cdots$」の形にすることが難しい関数のときは，$(x$ の式$)=u$ の形の置き換えを考えてみましょう。

次の不定積分を，置換積分法で求めよ。

(1) $\displaystyle\int \sin x \cos x\,dx$

(2) $\displaystyle\int x\sqrt{x^2+2}\,dx$

(3) $\displaystyle\int \tan x\,dx$

もっとくわしく　いろいろな置換積分

左ページで学習した置換積分以外にも，［2］において，$f(u)=\dfrac{1}{u}$ であるとき　← $f(g(x))=f(u)=\dfrac{1}{u}=\dfrac{1}{g(x)}$

$$\int \frac{g'(x)}{g(x)}\,dx = \int \frac{1}{u}\,du = \log|u|+C = \log|g(x)|+C$$

となることから　**[3]** $\displaystyle\int \frac{g'(x)}{g(x)}\,dx = \log|g(x)|+C$　という公式も導くことができます。

この公式は頻繁に使われます。

例　$\displaystyle\int (-\tan x)\,dx = -\int \frac{\sin x}{\cos x}\,dx = \int \frac{(\cos x)'}{\cos x}\,dx$　← $\int \frac{g'(x)}{g(x)}\,dx = \log|g(x)|+C$

$\qquad\qquad\quad = \log|\cos x|+C$

50 部分積分法

積の導関数の公式　$\{f(x)g(x)\}'=f'(x)g(x)+f(x)g'(x)$　より

$$f(x)g(x)=\int \{f'(x)g(x)+f(x)g'(x)\}\,dx$$

$$=\int f'(x)g(x)dx+\int f(x)g'(x)dx$$

が成り立ちます。このことを利用して行う積分法が**部分積分法**と呼ばれる積分法です。

> 【部分積分法】
>
> $$\int f(x)g'(x)dx=f(x)g(x)-\int f'(x)g(x)dx$$

この公式を使うポイントは，$f(x)$ が x の多項式であれば次数下げができるということです。

例　$f(x)g'(x)=xe^x$ で，$f(x)=x$，$g'(x)=e^x$，$g(x)=e^x$ と考えれば

$$\int \underset{g'(x)}{\underline{x}}\,\underset{g(x)}{\underline{e^x}}\,dx=\underset{}{x}\,\underset{}{e^x}-\int \underset{次数下げ}{\underline{(x)'e^x}}\,dx=xe^x-\int(1\cdot e^x)dx=xe^x-e^x+C$$

（☺ポイント）「$f(x)g'(x)$」の $g(x)$ には，$\cos x$ や $\sin x$，e^x をとることが多く，$g'(x)=e^x$ なら $g(x)=e^x$，$g'(x)=\cos x$ なら $g(x)=\sin x$ となります。

> **問題 ①**　次の不定積分を求めましょう。
>
> (1) $\displaystyle\int x\sin x\,dx$　　(2) $\displaystyle\int \log x\,dx$

(1) $f(x)g'(x)=x\sin x$ において　←次数下げしたい関数を $f(x)$ とおく

$f(x)=x$，$g'(x)=\sin x$，$g(x)=-\cos x$　←「$g'(x)\to g(x)$」は基本的な積分を暗算で

とみると　$\displaystyle\int x\sin x\,dx=x(-\cos x)-\int(x)'(-\cos x)dx$

$$=-x\cos x+\int \cos x\,dx \quad ←\int\cos xdx=\sin x+C$$

$$=-x\cos x+\boxed{}^{\;❼}+C$$

(2) $f(x)g'(x)=\log x\cdot 1$ と考えて　←$\int \log xdx$ の部分積分は覚える

$f(x)=\log x$，$g'(x)=1$，$g(x)=x$　←「$g'(x)\to g(x)$」は基本的な積分を暗算で

とみると　$\displaystyle\int \log x\,dx=x\log x-\int x(\log x)'dx$

$$=x\log x-\int\left(x\cdot\frac{1}{x}\right)dx \quad ←\int 1dx=x+C$$

$$=x\log x-\boxed{}^{\;❽}+C$$

→ 答えは別冊 14 ページ

次の不定積分を求めよ。

(1) $\displaystyle\int x^2 e^x dx$

(2) $\displaystyle\int x \log x dx$

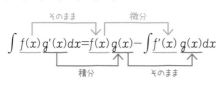

もっとくわしく　部分積分法を図解してみよう！

$$\int \underline{f(x)}\,\underline{g'(x)}\,dx = \underline{f(x)}\,\underline{g(x)} - \int \underline{f'(x)}\,\underline{g(x)}\,dx$$

そのまま　　微分　　　　　　　　　　　積分　　　そのまま

51 いろいろな関数の不定積分

積分の計算においては，関数のタイプ別にその特徴的な計算方法を知っておく必要があります。

分数関数の不定積分としては $\displaystyle\int \frac{1}{x}\,dx=\log|x|+C$ を基本として

[1] 次数を下げる 　　例　$\dfrac{x^2+2x+2}{x+1}=x+1+\dfrac{1}{x+1}$ と変形 ← $(x^2+2x+2)\div(x+1)$ をする

[2] 部分分数に分解する 　例　$\dfrac{2}{x^2-1}=\dfrac{2}{(x-1)(x+1)}=\dfrac{1}{x-1}-\dfrac{1}{x+1}$ と変形

などが有力な計算方法となります。[2] の例の変形を，部分分数に分解するといいます。

問題 1 次の不定積分を求めましょう。

(1) $\displaystyle\int \frac{3x^2+1}{x-1}\,dx$ 　　(2) $\displaystyle\int \frac{4}{x^2-4}\,dx$

(1) $3x^2+1$ を $x-1$ で割ると 商は $3x+3$，余りは 4 だから ←

$$\frac{3x^2+1}{x-1}=\underset{商}{3x+3}+\underset{余り}{\frac{4}{x-1}}$$

だから $\displaystyle\int \frac{3x^2+1}{x-1}\,dx=\int\left(3x+3+\frac{4}{x-1}\right)dx$ ← 次数を下げる

$$=\int(3x+3)dx+4\int\frac{1}{x-1}\,dx$$

$$=\boxed{}x^2+3x+4\log|x-1|+C \quad \leftarrow \int\frac{dx}{ax+b}=\frac{1}{a}\log|ax+b|+C$$

(2) $\dfrac{4}{x^2-4}=\dfrac{4}{(x-2)(x+2)}=\dfrac{1}{x-2}-\dfrac{1}{x+2}$ だから ← 部分分数に分解する

$$\int\frac{4}{x^2-4}\,dx=\int\left(\frac{1}{x-2}-\frac{1}{x+2}\right)dx$$

$$=\int\frac{1}{x-2}\,dx-\int\frac{1}{x+2}\,dx$$

$$=\log\left|x-\boxed{}\right|-\log\left|x+\boxed{}\right|+C$$

$$=\log\left|\frac{x-2}{x+2}\right|+C$$

ぶぶん ぶんぶん に ぶんかい！

言えたー！

112

次の不定積分を求めよ。

(1) $\displaystyle \int \frac{x^3+1}{x-1}dx$

(2) $\displaystyle \int \frac{2}{(x-1)(x-3)}dx$

もっと くわしく　部分分数に分解する

$\dfrac{px+q}{(x-\alpha)(x-\beta)}$ の形の分数は，恒等式の考え方を用いて，$\dfrac{a}{x-\alpha}+\dfrac{b}{x-\beta}$ に変形することができます。

例えば，$\dfrac{2x+3}{(x+1)(x+2)}$ を部分分数に分解するには，$\dfrac{2x+3}{(x+1)(x+2)}=\dfrac{a}{x+1}+\dfrac{b}{x+2}$ とおいて

両辺に $(x+1)(x+2)$ を掛けると　$2x+3=a(x+2)+b(x+1)$

これが恒等式になるから　$a+b=2$, $2a+b=3$　← $(a+b)x+2a+b=2x+3$

よって　$a=1$, $b=1$

したがって　$\dfrac{2x+3}{(x+1)(x+2)}=\dfrac{1}{x+1}+\dfrac{1}{x+2}$

52 三角関数の不定積分

三角関数の不定積分は，$\displaystyle\int \sin x\,dx=-\cos x+C$，$\displaystyle\int \cos x\,dx=\sin x+C$ を基本として，次の公式をもとに，計算を行っていきます。

[1] 次数を下げる $\longrightarrow$ $\sin^2 x=\dfrac{1-\cos 2x}{2}$，$\cos^2 x=\dfrac{1+\cos 2x}{2}$

[2] 根号をはずす $\longrightarrow$ $\sqrt{1-\cos x}=\sqrt{2}\left|\sin\dfrac{x}{2}\right|$ $\longleftarrow$ $\sqrt{1-\cos x}=\sqrt{2\sin^2\dfrac{x}{2}}$

$\sqrt{1+\cos x}=\sqrt{2}\left|\cos\dfrac{x}{2}\right|$ $\longleftarrow$ $\sqrt{1+\cos x}=\sqrt{2\cos^2\dfrac{x}{2}}$

[3] 積を和に直す $\longrightarrow$ $\sin\alpha\cos\beta=\dfrac{1}{2}\{\sin(\alpha+\beta)+\sin(\alpha-\beta)\}$

$\cos\alpha\cos\beta=\dfrac{1}{2}\{\cos(\alpha+\beta)+\cos(\alpha-\beta)\}$

$\sin\alpha\sin\beta=-\dfrac{1}{2}\{\cos(\alpha+\beta)-\cos(\alpha-\beta)\}$

問題 ❶ 次の不定積分を求めましょう。

(1) $\displaystyle\int \cos^2 x\,dx$ (2) $\displaystyle\int \sin 2x\cos x\,dx$

(1) $\cos^2 x=\dfrac{1+\cos 2x}{2}$ だから $\longleftarrow$ 次数を下げる

$$\int \cos^2 x\,dx=\int \frac{1+\cos 2x}{2}\,dx=\int\left(\frac{1}{2}+\frac{1}{2}\cos 2x\right)dx$$

$$=\frac{1}{2}x+\frac{1}{2}\cdot\frac{1}{2}\sin\boxed{}^{❼}x+C=\frac{1}{2}x+\frac{1}{4}\sin\boxed{}^{❼}x+C$$

(2) $\sin 2x\cos x=\dfrac{1}{2}\{\sin(2x+x)+\sin(2x-x)\}=\dfrac{1}{2}(\sin 3x+\sin x)$ $\longleftarrow$ 積を和に直す

だから $\displaystyle\int \sin 2x\cos x\,dx=\frac{1}{2}\int\left(\sin\boxed{}^{❶}x+\sin x\right)dx$

$$=\frac{1}{2}\cdot\left\{\frac{1}{3}\cdot(-\cos 3x)+(-\cos x)\right\}+C$$

$$=-\frac{1}{\boxed{}^{❷}}\cos 3x-\frac{1}{2}\cos x+C$$

114

基本練習

→ 答えは別冊 14 ページ

次の不定積分を求めよ。

(1) $\displaystyle\int \sin x \cos x\, dx$

(2) $\displaystyle\int \cos 3x \cos x\, dx$

もっとくわしく　積→和・差の公式はどう導くのか？

三角関数の「積 ── 和」に直す公式は，加法定理をもとに，次のように導くことができます。

$$\sin(\alpha+\beta)=\sin\alpha\cos\beta+\cos\alpha\sin\beta \quad \sin(\alpha-\beta)=\sin\alpha\cos\beta-\cos\alpha\sin\beta$$

この 2 つの式の辺々の和をとると　$\sin(\alpha+\beta)+\sin(\alpha-\beta)=2\sin\alpha\cos\beta$

よって　$\sin\alpha\cos\beta=\dfrac{1}{2}\{\sin(\alpha+\beta)+\sin(\alpha-\beta)\}$

同様に　$\cos(\alpha+\beta)=\cos\alpha\cos\beta-\sin\alpha\sin\beta \quad \cos(\alpha-\beta)=\cos\alpha\cos\beta+\sin\alpha\sin\beta$

この 2 つの式の辺々の和と差をとると

$$\cos(\alpha+\beta)+\cos(\alpha-\beta)=2\cos\alpha\cos\beta \quad \cos(\alpha+\beta)-\cos(\alpha-\beta)=-2\sin\alpha\sin\beta$$

よって　$\cos\alpha\cos\beta=\dfrac{1}{2}\{\cos(\alpha+\beta)+\cos(\alpha-\beta)\}$, $\sin\alpha\sin\beta=-\dfrac{1}{2}\{\cos(\alpha+\beta)-\cos(\alpha-\beta)\}$

53 定積分

定積分の計算①

ある区間で連続な関数 $f(x)$ の原始関数の１つを $F(x)$，a，b を区間内の任意の値として

$$\int_a^b f(x)dx = \Big[F(x)\Big]_a^b = F(b) - F(a)$$

と定義したものを定積分といい，$\int_a^b f(x)dx$ を求めることを，$f(x)$ を a から b まで**積分する**，あるいは，**定積分を求める**といいます。

定積分については，次の基本性質が成り立ちます。　←── これらのことは数学Ⅱで学習済み

【定積分の性質】

[1]　$\int_a^b kf(x)dx = k\int_a^b f(x)dx$　（k は定数）

[2]　$\int_a^b \{f(x) \pm g(x)\} dx$

　　$= \int_a^b f(x)dx \pm \int_a^b g(x)dx$　（複号同順）

[3]　$\int_a^a f(x)dx = 0$

[4]　$\int_b^a f(x)dx = -\int_a^b f(x)dx$

[5]　$\int_a^c f(x)dx + \int_c^b f(x)dx = \int_a^b f(x)dx$

問題❶　次の定積分を求めましょう。

(1)　$\int_0^8 \sqrt{x+1}\, dx$　　(2)　$\int_0^{\frac{\pi}{2}} \cos^2 x dx$　　(3)　$\int_0^1 (3x+1)^3 dx$

(1)　$\int_0^8 \sqrt{x+1}\, dx = \left[\dfrac{2}{3}(x+1)^{\frac{3}{2}}\right]_0^8$　←── $\int \sqrt{x+1}\,dx = \int (x+1)^{\frac{1}{2}} dx = \frac{2}{3}(x+1)^{\frac{3}{2}} + C$

　　　　　　　$= \dfrac{2}{3}(3^{2 \cdot \frac{3}{2}} - 1) = $ 　❼ ▢

(2)　$\int_0^{\frac{\pi}{2}} \cos^2 x dx = \int_0^{\frac{\pi}{2}} \dfrac{1 + \cos 2x}{2} dx$　←── $\int \cos ax\,dx = \frac{1}{a}\sin ax + C$

　　　　　　　$= \left[\dfrac{1}{2}x + \dfrac{1}{4}\sin 2x\right]_0^{\frac{\pi}{2}}$

　　　　　　　$= \left(\dfrac{1}{4}\pi + 0\right) - (0 + 0) = $ ❶ ▢ π

(3)　$\int_0^1 (3x+1)^3 dx = \left[\dfrac{1}{3} \cdot \dfrac{1}{3+1}(3x+1)^{3+1}\right]_0^1$　←── $\int f(ax+b)dx = \frac{1}{a}F(ax+b)+C$

　　　　　　　$= \dfrac{1}{12}(4^4 - 1) = $ ❼ ▢

基本の計算だよ!

絶対できるようにしよう!

116

基本練習

→ 答えは別冊 15 ページ

次の定積分を求めよ。

(1) $\displaystyle\int_0^2 \frac{x+2}{x+1}dx$

(2) $\displaystyle\int_0^{\frac{\pi}{2}} \sin 4\theta \cos 2\theta \, d\theta$

(3) $\displaystyle\int_{-1}^1 (e^{2x}+e^{-2x})dx$

もっとくわしく　絶対値のついた定積分

関数 $f(x)=|x-1|$ について，

$x \leqq 1$ のとき　$-(x-1)=f_1(x)$

$x \geqq 1$ のとき　$x-1=f_2(x)$

とおくと

$$\int_0^4 |x-1|\,dx = \int_0^1 f_1(x)dx + \int_1^4 f_2(x)dx$$

となります。$y=|x-1|$ は，$x=1$ の前後で関数の形が変わるので，
$f(x)$ を 0 から 4 まで積分していく過程で，ひとくくりに計算処理すること
はできません。$|f(x)|$ の形が変わるタイミングで，x の範囲に応じて場合分けをする必要があります。

　一般に，$\displaystyle\int_a^b |f(x)|dx$ は，$y=|f(x)|$ のグラフと，x 軸および 2 直線 $x=a$，$x=b$ とで囲まれた図形の面積を
表します。

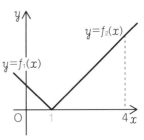

117

54 定積分の置換積分法

49 では，不定積分における置換積分法について学習しました。これに対応して，定積分の置換積分法を考えることができます。

【定積分の置換積分法】

$x=g(t)$ とおくとき，$a=g(\alpha)$，$b=g(\beta)$ ならば

$$\int_a^b f(x)dx=\int_\alpha^\beta f(g(t))g'(t)dt$$

x	$a \longrightarrow b$
t	$\alpha \longrightarrow \beta$

例 $\displaystyle\int_{-1}^{1} x(1-x)^3 dx$ において，$1-x=t$ とおくと

$x=1-t$ より $dx=-dt$

x	$-1 \longrightarrow 1$
t	$2 \longrightarrow 0$

よって $\displaystyle\int_{-1}^{1} x(1-x)^3 \underline{dx}=\int_2^0 (1-t)t^3 \cdot (-1)dt$ ← x を t で置き換えたら，dx も dt で置き換える

↑ t の式で書き換える

$$=\int_0^2 (-t^4+t^3)dt=\left[-\frac{1}{5}t^5+\frac{1}{4}t^4\right]_0^2=-\frac{32}{5}+4=-\frac{12}{5}$$

↑ $\int_a^b f(x)dx=-\int_b^a f(x)dx$

問題 ❶ 定積分 $\displaystyle\int_0^1 \sqrt{1-x^2}\,dx$ を，$x=\sin\theta$ と置き換えて求めましょう。

$x=\sin\theta$ とおくと

$$\sqrt{1-x^2}=\sqrt{1-\sin^2\theta}=|\cos\theta|$$

x	$0 \longrightarrow 1$
θ	$0 \longrightarrow \dfrac{\pi}{2}$

積分区間である $0\leqq\theta\leqq\dfrac{\pi}{2}$ の範囲で，$\cos\theta\geqq 0$ だから

$$\sqrt{1-x^2}=\cos\theta \quad さらに \quad dx=\boxed{}^{\text{❼}} d\theta$$

よって $\displaystyle\int_0^1 \sqrt{1-x^2}\,dx=\int_0^{\frac{\pi}{2}} \cos\theta(\cos\theta)d\theta$ ← $\cos^2\theta=\dfrac{1+\cos 2\theta}{2}$

$$=\int_0^{\frac{\pi}{2}} \frac{1+\cos\boxed{}^{\text{❶}}\theta}{2}d\theta$$

$$=\left[\frac{1}{2}\theta+\frac{1}{4}\sin 2\theta\right]_0^{\frac{\pi}{2}}$$

$$=\left(\boxed{}^{\text{❷}}\pi+0\right)-(0+0)=\boxed{}^{\text{❷}}\pi$$

😊 ミス注意 置換積分においては，積分区間の変更にも注意が必要です。

118

基 本 練 習

→ 答えは別冊 15 ページ

定積分 $\displaystyle\int_0^2 \sqrt{4-x^2}\,dx$ を，$x=2\sin\theta$ と置き換えて求めよ。

もっと くわしく　三角関数に置換する場合

ここまで学んできたように，$\sqrt{a^2-x^2}$ の積分では，$x=a\sin\theta$ と考えることが多いです。

その一方で，$\dfrac{1}{x^2+a^2}$ の積分では，$x=a\tan\theta$ とおいて考えるのが定石です。

例　$\displaystyle\int_0^1 \dfrac{1}{x^2+1}\,dx$ において，$x=\tan\theta$ とおくと　$dx=\dfrac{1}{\cos^2\theta}\,d\theta$

x	$0 \longrightarrow 1$
θ	$0 \longrightarrow \dfrac{\pi}{4}$

$\dfrac{1}{x^2+1}=\dfrac{1}{1+\tan^2\theta}=\cos^2\theta$ だから

$$\int_0^1 \dfrac{1}{x^2+1}\,dx=\int_0^{\frac{\pi}{4}}\cos^2\theta\cdot\dfrac{d\theta}{\cos^2\theta}=\int_0^{\frac{\pi}{4}}d\theta=\Big[\theta\Big]_0^{\frac{\pi}{4}}=\dfrac{\pi}{4}$$

55 定積分の部分積分法

50 で学習した不定積分の部分積分法から，定積分の部分積分法が得られます。

【定積分の部分積分法】

$$\int_a^b f(x)g'(x)dx=\Big[f(x)g(x)\Big]_a^b-\int_a^b f'(x)g(x)dx$$

不定積分と同じように考えよう！

計算のポイントは，不定積分のときと同様，次数下げにあります。

問題 **1** 次の定積分を求めましょう。

(1) $\int_0^1 xe^x dx$　　(2) $\int_0^\pi x\sin x dx$　　(3) $\int_1^e x\log x dx$

(1) $\int_0^1 xe^x dx$ において，$xe^x=x(e^x)'$ だから　←$\int f(x)g'(x)dx=f(x)g(x)-\int f'(x)g(x)dx$

$$\int_0^1 xe^x dx=\int_0^1 x(e^x)'dx=\Big[xe^x\Big]_0^1-\int_0^1 (x)'e^x dx$$　←「x」が消せる

$$=e-0-\Big[e^x\Big]_0^1=e-(e-1)=\boxed{}^{ア}$$

(2) $\int_0^\pi x\sin x dx$ において，$x\sin x=x(-\cos x)'$ だから

$$\int_0^\pi x\sin x dx=\int_0^\pi x(-\cos x)'dx=\Big[x(-\cos x)\Big]_0^\pi-\int_0^\pi (x)'(-\cos x)dx$$　←「x」が消せる

$$=(\pi-0)-\Big[-\sin x\Big]_0^\pi=\pi-\boxed{}^{イ}=\boxed{}^{ウ}$$

(3) $\int_1^e x\log x dx$ において，$x\log x=\Big(\dfrac{x^2}{2}\Big)'\log x$　←対数関数を含むときは$(\log x)'=\dfrac{1}{x}$から $\log x$を消去することを優先する

だから　$\int_1^e x\log x dx=\int_1^e \Big(\dfrac{x^2}{2}\Big)'\log x dx$

$$=\Big[\dfrac{x^2}{2}\log x\Big]_1^e-\dfrac{1}{2}\int_1^e x^2\cdot(\log x)'dx$$　←$(\log x)'=\dfrac{1}{x}$を用いて次数を下げる

$$=\Big(\dfrac{e^2}{2}-0\Big)-\dfrac{1}{2}\Big[\dfrac{1}{2}x^2\Big]_1^e$$

$$=\dfrac{e^2}{2}-\dfrac{1}{4}\Big(\boxed{}^{エ}-1\Big)$$

$$=\boxed{}^{オ}+\dfrac{1}{4}$$

120

➡ 答えは別冊 15 ページ

次の定積分を求めよ。

(1) $\displaystyle\int_0^1 xe^{-x}dx$

(2) $\displaystyle\int_0^\pi x\cos x\,dx$

もっと くわしく 部分積分法を用いるコツは？

部分積分法では，$\displaystyle\int f'(x)g(x)dx$ における $f'(x)$ を簡単な式にできることに大きな意味があります。$f(x)$ が 1 次式ならば，部分積分法を 1 回用いたときの $f'(x)$ は定数となりますが，$f(x)$ が 2 次式ならば，部分積分法は 2 回用いることになります。

例 $\displaystyle\int_0^1 x^2 e^x dx=\int_0^1 x^2(e^x)'dx=\Bigl[x^2 e^x\Bigr]_0^1-\int_0^1 (x^2)'e^x dx=e-2\int_0^1 xe^x dx$

$\displaystyle\int_0^1 xe^x dx=\int_0^1 x(e^x)'dx=\Bigl[xe^x\Bigr]_0^1-\int_0^1 (x)'e^x dx=e-\Bigl[e^x\Bigr]_0^1=1$

したがって $\displaystyle\int_0^1 x^2 e^x dx=e-2\cdot1=e-2$

56 偶関数と奇関数の定積分

定積分の計算④

関数 $f(x)$ において　$f(-x)=f(x)$ が常に成り立つとき，この関数を**偶関数**

$f(-x)=-f(x)$ が常に成り立つとき，この関数を**奇関数**

といいます。$y=f(x)$ のグラフで見ると，このようになります。

偶関数のグラフは y 軸対称

$y=x^2$ は偶関数

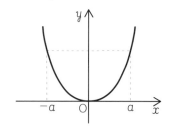

奇関数のグラフは原点対称

$y=x$ は奇関数

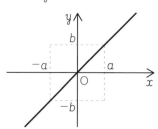

関数 $f(x)$ が偶関数・奇関数のとき，次のことが成り立ちます。

【偶関数・奇関数と定積分】

[1]　$f(x)$ が偶関数であるとき　$\displaystyle\int_{-a}^{a}f(x)dx=2\int_{0}^{a}f(x)dx$

[2]　$f(x)$ が奇関数であるとき　$\displaystyle\int_{-a}^{a}f(x)dx=0$

偶関数・奇関数の性質を使うと，計算を簡単にすることができます。

問題❶　定積分 $\displaystyle\int_{-2}^{2}(5x^4+7x^3+3x^2+9x+1)dx$ を求めましょう。

$\displaystyle\int_{-2}^{2}(5x^4+7x^3+3x^2+9x+1)dx$　← 偶関数と奇関数が混在している

$\displaystyle=\int_{-2}^{2}(5x^4+3x^2+1)dx+\int_{-2}^{2}(7x^3+9x)dx$　← 偶関数と奇関数に分ける

$\displaystyle=2\int_{0}^{2}(5x^4+3x^2+1)dx$　← $\int_{-a}^{a}$(奇関数)$dx=0$, $\int_{-a}^{a}$(偶関数)$dx=2\int_{0}^{a}$(偶関数)dx

$\displaystyle=2\Big[x^5+x^3+x\Big]_{0}^{2}$

$=2\Big(\boxed{}^{\,ア}+8+2-0\Big)$

$=\boxed{}^{\,イ}$

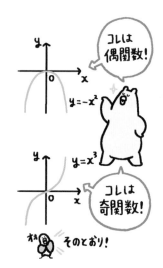

コレは
偶関数!

$y=-x^2$

$y=x^3$

コレは
奇関数!

そのとおり!

　三角関数の偶関数には $\cos x$，奇関数には $\sin x$，$\tan x$ があります。

基本練習

→ 答えは別冊 15 ページ

次の定積分を求めよ。

(1) $\displaystyle\int_{-1}^{1}(x^4-2x^3+3x^2-4x+5)\,dx$

(2) $\displaystyle\int_{\frac{\pi}{2}}^{\frac{\pi}{2}}(\sin\theta+2\cos\theta+3\sin 2\theta+4\cos 2\theta)\,d\theta$

もっとくわしく　計算の省エネ化の方法

偶関数・奇関数は計算の手間を省くうえで大変有用な計算ツールです。その活用ポイントは $\displaystyle\int_{-a}^{a}$ という形です。

これと似た有名な計算省略ツールとして次の公式があります。

$$\int_{\alpha}^{\beta}(x-\alpha)(x-\beta)\,dx=-\frac{1}{6}(\beta-\alpha)^3$$

この計算公式は，右の図のような放物線と直線で囲まれる部分の面積によく使われます。計算の手間が大きく削れるので，

$\displaystyle\int_{\alpha}^{\beta}(x-\alpha)(x-\beta)\,dx$ という形を見たら，公式が使えないか考えてみましょう。

57 定積分で表された関数

定積分の定義式 $\int_a^b f(x)dx=F(b)-F(a)$（ただし，$F'(x)=f(x)$）において，$b$ をいろいろな値に変化させたとき，定積分 $\int_a^b f(x)dx$ は b の関数とみることができます。

これをもっと一般化すれば $\int_a^x f(t)dt=F(x)-F(a)$ で，$\int_a^x f(t)dt$ は x の関数だから，次のことが成り立ちます。

【定積分と導関数】

a が定数のとき $\dfrac{d}{dx}\displaystyle\int_a^x f(t)dt=f(x)$ ← $(F(x)-F(a))'=f(x)$

例 $\int_a^x \sin t\,dt$ を x で微分すると $\dfrac{d}{dx}\displaystyle\int_a^x \sin t\,dt=\sin x$ （a は定数）

問題 1 次の関数 $G(x)$ について，$G'(x)$ と $G''(x)$ を求めましょう。

$$G(x)=\int_0^x (x+t)\cos t\,dt$$

積分変数は t なので，t と無関係な x は定数として扱います。

$G(x)=\displaystyle\int_0^x (x+t)\cos t\,dt=x\int_0^x \cos t\,dt+\int_0^x t\cos t\,dt$ ← 積の導関数を使うものとそうでないものに分ける

このとき $\left(x\displaystyle\int_0^x \cos t\,dt\right)'=(x)'\int_0^x \cos t\,dt+x\left(\int_0^x \cos t\,dt\right)'$ ← 積の導関数を用いる

$=\Big[\sin t\Big]_0^x+x\cos x$

$=\sin x+x\cos x$

$\left(\displaystyle\int_0^x t\cos t\,dt\right)'=x\cos x$ ← $\dfrac{d}{dx}\displaystyle\int_a^x f(t)dt=f(x)$

よって $G'(x)=\sin x+x\cos x+x\cos x$

$=\sin x+\boxed{}^{\text{ア}}x\cos x$

したがって $G''(x)=(\sin x+\boxed{}^{\text{ア}}x\cos x)'$

$=\cos x+2\{(x)'\cos x+x(\cos x)'\}$

$=\boxed{}^{\text{イ}}\cos x-\boxed{}^{\text{ウ}}x\sin x$

か…関数の中にインテグラルがある……

ヨシヨシ がんばろー しくしく

124

次の関数 $G(x)$ について，$G'(x)$ と $G''(x)$ を求めよ。ただし，a は定数である。

$$G(x)=\int_a^x t(t+x)dt$$

もっと くわしく $f(x)=x+\int_a^b f(t)dt$

$f(x)=x+\int_a^b f(t)dt$ の形で与えられた関数 $f(x)$ を求めてみましょう。

このとき，定積分 $\int_a^b f(t)dt$ は定数であることに着目して考えていくことが基本となります。

例 $f(x)=x+\int_0^2 f(t)dt$ において，$c=\int_0^2 f(t)dt$ とおくと，$f(x)=x+c$ で，$c=\int_0^2 (x+c)dx$ より

$$c=\left[\frac{1}{2}x^2+cx\right]_0^2=2+2c$$

よって $c=-2$

したがって $f(x)=x-2$

58 区分求積法

図形の面積を求めるのに，長方形の面積の和の極限として求める方法を**区分求積法**といいます。右の図の長方形の幅をどんどん狭くしていけば，実際の図形の面積に近づいていくことがわかります。

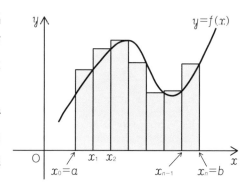

これを座標平面上の関数 $f(x)$ のグラフ $(a \leqq x \leqq b)$ で考えたとき，$x=a$, $x=b$ と x 軸，曲線 $y=f(x)$ で囲まれた図形の面積を S，n 個の長方形の総和としての図形の面積を S_n とすれば，１つ１つの長方形について

横の長さはすべて等しく $\dfrac{b-a}{n}=\Delta x$，長方形の高さは $f(x_k)$

よって $S_n=f(x_1)\Delta x+f(x_2)\Delta x+\cdots\cdots+f(x_n)\Delta x=\displaystyle\sum_{k=1}^{n}f(x_k)\Delta x$

$n\longrightarrow\infty$ のとき，$S_n\longrightarrow S\left(=\displaystyle\int_a^b f(x)dx\right)$ となることがわかります。

とくに，$a=0$，$b=1$ のとき，次の式が成り立ちます。

【区分求積法と定積分】

$$\lim_{n\to\infty}\frac{1}{n}\sum_{k=1}^{n}f\left(\frac{k}{n}\right)=\lim_{n\to\infty}\frac{1}{n}\left\{f\left(\frac{1}{n}\right)+f\left(\frac{2}{n}\right)+\cdots\cdots+f\left(\frac{n}{n}\right)\right\}=\int_0^1 f(x)dx$$

問題❶ $\displaystyle\lim_{n\to\infty}\left(\frac{1}{n+1}+\frac{1}{n+2}+\frac{1}{n+3}+\cdots\cdots+\frac{1}{n+n}\right)$ を区分求積法で求めましょう。

$\dfrac{1}{n+1}+\dfrac{1}{n+2}+\dfrac{1}{n+3}+\cdots\cdots+\dfrac{1}{n+n}$

$=\dfrac{1}{n}\left(\dfrac{1}{1+\dfrac{\boxed{ア}}{n}}+\dfrac{1}{1+\dfrac{2}{n}}+\dfrac{1}{1+\dfrac{\boxed{イ}}{n}}+\cdots\cdots+\dfrac{1}{1+\dfrac{\boxed{ウ}}{n}}\right)$ ← 具体的に書き出すことで，関数の形を明らかにする

だから $f(x)=\dfrac{1}{1+x}$ とおくと ← 上の式の形に着目

$\displaystyle\lim_{n\to\infty}\left(\frac{1}{n+1}+\frac{1}{n+2}+\frac{1}{n+3}+\cdots\cdots+\frac{1}{n+n}\right)=\lim_{n\to\infty}\frac{1}{n}\sum_{k=1}^{n}\left(\frac{1}{1+\dfrac{k}{n}}\right)$

$=\displaystyle\int_0^1\frac{1}{1+x}dx=\Big[\log|1+x|\Big]_0^1=\log\boxed{エ}$

126

$$\lim_{n \to \infty} \frac{1}{n^4}(1^3 + 2^3 + 3^3 + \cdots\cdots + n^3)\ \text{の値を求めよ。}$$

もっとくわしく 区分求積法って何？

　複雑な図形を n 個の長方形で覆うことを考えます。1つ1つの長方形の幅をなるべく小さくしていけば，1つの長方形からはみ出す図形の面積もまた小さくすることができるので，その誤差もどんどん小さくしていくことができきます。

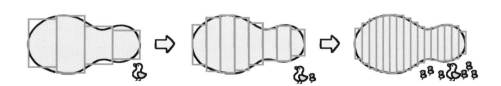

　これを一般化して，積分計算に結びつけたものが区分求積法の始まりです。

59 定積分と不等式

定積分については，次の2つの不等式が成り立ちます。

【定積分と不等式】

[1] 区間$[a, b]$で，$f(x) \geqq 0$ ならば $\displaystyle\int_a^b f(x)dx \geqq 0$

等号は，常に $f(x)=0$ のとき成り立つ。

[2] 区間$[a, b]$で連続な関数$f(x)$，$g(x)$ について
$f(x) \geqq g(x)$ ならば $\displaystyle\int_a^b f(x)dx \geqq \int_a^b g(x)dx$

等号は，常に $f(x)=g(x)$ のとき成り立つ。

インテグラルが 上手に書けると うれしい

問題❶ $x \geqq 0$ のとき，$\displaystyle\int_0^1 \frac{dx}{x^2+x+1} < \log 2$ が成り立つことを，次の手順で示しましょう。

(1) $\dfrac{1}{x^2+x+1} \leqq \dfrac{1}{x+1}$ を示す　(2) $\displaystyle\int_0^1 \frac{dx}{x^2+x+1} < \log 2$ を示す

---

(1) $x^2+x+1-(x+1)=x^2 \geqq 0$ より

$x+1 \leqq x^2+x+1$ ……①

（等号は $x=0$ のとき成り立つ）

さらに，$x \geqq 0$ のとき　$x^2+x+1 \geqq 1$ かつ $x+1 \geqq 1$

①の不等式を $\left(^{⑦}\boxed{}\right)\left(x^2+x+1\right)$ で割って　$\dfrac{1}{x^2+x+1} \leqq \dfrac{1}{x+1}$

(2) (1)の結果から，$x \geqq 0$ で　$\dfrac{1}{x^2+x+1} \leqq \dfrac{1}{x+1}$ が成り立つが，等号が成り立つのは，$x=0$ のと

きだけだから

$$\int_0^1 \frac{dx}{x^2+x+1} < \int_0^1 \frac{dx}{x+1}$$

ここで　$\displaystyle\int_0^1 \frac{dx}{x+1} = \Big[\log|x+1|\Big]_0^1$

$$=\log \boxed{}^{④}$$

よって　$\displaystyle\int_0^1 \frac{dx}{x^2+x+1} < \log \boxed{}^{④}$

128

基 本 練 習

→ 答えは別冊 16 ページ

次の問いに答えよ。

(1) $0 \leqq x \leqq 1$ のとき，$\dfrac{1}{1+x^2} \geqq \dfrac{1}{1+x}$ を示せ。

(2) (1)の結果を用いて $\displaystyle\int_0^1 \dfrac{dx}{1+x^2} > \log 2$ を示せ。

もっと くわしく $\log(n+1) < 1 + \dfrac{1}{2} + \dfrac{1}{3} + \cdots\cdots + \dfrac{1}{n}$

$x > 0$ のとき，$f(x) = \dfrac{1}{x}$ は減少関数だから，$k \leqq x \leqq k+1$ のとき $\dfrac{1}{x} \leqq \dfrac{1}{k}$ （k は自然数）

等号が成り立つのは $x = k$ のときだけだから $\displaystyle\int_k^{k+1} \dfrac{dx}{x} < \int_k^{k+1} \dfrac{dx}{k} = \dfrac{1}{k}$

$k = 1, 2, 3, \cdots\cdots, n$ とおいて和をとると $\displaystyle\sum_{k=1}^{n} \int_k^{k+1} \dfrac{dx}{x} < \sum_{k=1}^{n} \dfrac{1}{k}$

一方 $\displaystyle\sum_{k=1}^{n} \int_k^{k+1} \dfrac{dx}{x} = \int_1^{n+1} \dfrac{dx}{x} = \Big[\log|x| \Big]_1^{n+1} = \log(n+1)$

よって $\log(n+1) < 1 + \dfrac{1}{2} + \dfrac{1}{3} + \cdots\cdots + \dfrac{1}{n}$

60 面積

【曲線 $y=f(x)$ と面積】

　区間 $[a,\ b]$ で，常に $f(x)\geqq 0$ のとき，

曲線 $y=f(x)$ と x 軸および 2 直線 $x=a$，

$x=b$ $(a<b)$ で囲まれた部分の面積を S とすると

$$S=\int_a^b f(x)dx$$

　一般に，区間 $[a,\ b]$ で曲線 $y=f(x)$ と

x 軸で囲まれた部分の面積 S は

$$S=\int_a^b |f(x)|dx$$

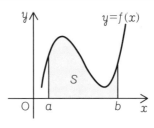

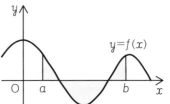

問題 ❶　$y=e^x-2$ と x 軸，y 軸および直線 $x=2$ で囲まれた 2 つの部分の面積の和を求めましょう。

曲線 $y=e^x-2$ と x 軸との交点は　$e^x-2=0$ より

$x=\log$

$0\leqq x\leqq\log$ ⬜ では常に　$y\leqq 0$

$\log 2\leqq x\leqq$ ⬜ では常に　$y\geqq 0$

よって，求める面積を S とすると

$$S=\int_0^{\log 2}(-e^x+2)dx+\int_{\log 2}^2(e^x-2)dx$$

$$=\Bigl[-e^x+2x\Bigr]_0^{\log 2}+\Bigl[e^x-2x\Bigr]_{\log 2}^2$$

$$=\Bigl(-\boxed{}+2\log 2\Bigr)-(-1)+(e^2-4)-\Bigl(\boxed{}-2\log 2\Bigr)\quad\longleftarrow e^{\log 2}=2$$

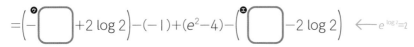

$$=-\boxed{}+2\log 2+1+e^2-4-\boxed{}+2\log 2$$

$$=4\log 2+e^2-\boxed{}$$

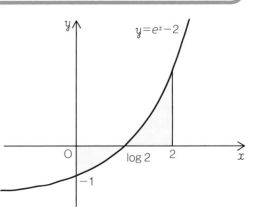

→ 答えは別冊 16 ページ

曲線 $y=2\sin x$ （$0\leqq x\leqq\pi$）と直線 $y=1$ で囲まれた部分の面積を求めよ。

もっとくわしく　2つの曲線の間の面積

区間 $[a,\ b]$ で常に，$f(x)\geqq g(x)$ のとき，2つの曲線 $y=f(x)$，
$y=g(x)$ と 2 直線 $x=a$，$x=b$ （$a<b$） で囲まれた部分の面積を S とすると

$$S=\int_a^b\{f(x)-g(x)\}dx$$

となります。

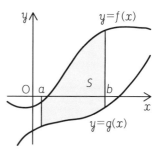

61 面積② 曲線 $x=f(y)$ と面積

これまでは，関数 $y=f(x)$ について面積を考えてきましたが，x が y の関数として表された曲線 $x=g(y)$ についても，$y=f(x)$ のときと同様に面積を考えることができます。

【曲線 $x=g(y)$ と面積】

区間 $[c, d]$ で，常に $g(y)\geqq 0$ のとき，
曲線 $x=g(y)$ と y 軸および 2 直線 $y=c$，
$y=d$ で囲まれた部分の面積を S とすると

$$S=\int_c^d g(y)dy$$

同様に，区間 $[c, d]$ で常に $g(y)\leqq 0$ のときは

$$S=\int_c^d \{-g(y)\} dy$$

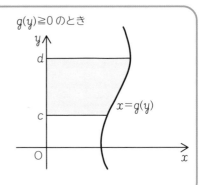
$g(y)\geqq 0$ のとき

問題 ① 曲線 $x=y^2$ と直線 $x=y+6$ で囲まれた部分の面積を求めましょう。

曲線 $x=y^2$ と直線 $x=y+6$ の共有点の y 座標は

$$y+6=y^2 \quad \longleftarrow x=y^2 \text{ と } x=y+6 \text{ から } x \text{ を消去する}$$

$$y^2-y-6=0 \quad \longleftarrow (y+2)(y-3)=0$$

よって $y=\boxed{}^{⑦}$ ，3

$-2\leqq y\leqq 3$ では $y^2\leqq y+6$

よって $S=\displaystyle\int_{-2}^3 (y+6-y^2)dy$

$=\displaystyle\int_{-2}^3 (-y^2+y+6)dy$

$=\left[-\dfrac{1}{3}y^3+\dfrac{1}{2}y^2+6y\right]_{-2}^3 \quad \longleftarrow \displaystyle\int_\alpha^\beta (y-\alpha)(y-\beta)dy=-\dfrac{(\beta-\alpha)^3}{6} \text{ を使ってもよい}$

$=\left(-9+\dfrac{9}{2}+18\right)-\left(\dfrac{8}{3}+2-12\right) \quad \longleftarrow$ このとき $\displaystyle\int_{-2}^3 \{-(y+2)(y-3)\}dy=\dfrac{\{3-(-2)\}^3}{6}=\dfrac{125}{6}$

$=\dfrac{\boxed{}^{④}}{\boxed{}^{⑨}}$

右の図の図形 S は，曲線 $y=\log x$ と x 軸，y 軸および直線 $y=1$ で囲まれた図形を表したものである。図形 S の面積を求めよ。

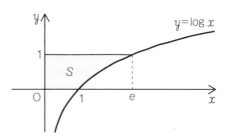

もっと ♡ くわしく　媒介変数表示された図形の面積

右の図の曲線が
$$x=\theta-\sin\theta, \quad y=1-\cos\theta \quad (0\leqq x\leqq 2\pi)$$
で表されるとき，この曲線と x 軸で囲まれた部分の面積 S を求めてみましょう。

このとき　$S=\displaystyle\int_0^{2\pi} y\,dx$

$x=\theta-\sin\theta$ より，$dx=(1-\cos\theta)d\theta$ で，$x:0\longrightarrow 2\pi$ のとき，$\theta:0\longrightarrow 2\pi$ だから

$$S=\int_0^{2\pi} y\,dx=\int_0^{2\pi}(1-\cos\theta)\cdot(1-\cos\theta)d\theta=\int_0^{2\pi}(1-2\cos\theta+\cos^2\theta)d\theta$$

$$=\int_0^{2\pi}\left(1-2\cos\theta+\frac{1+\cos 2\theta}{2}\right)d\theta$$

$$=\left[\frac{3}{2}\theta-2\sin\theta+\frac{1}{4}\sin 2\theta\right]_0^{2\pi}=3\pi$$

62 体積

体積①

58 で学習した区分求積法では，図形を細かい長方形に分割していくことで，最終的には図形の面積が定積分を用いて表されることを学習しました。区分求積法の考え方を用いると，立体の体積もまた定積分で表すことができます。

【断面積$S(x)$と立体の体積V】

ある立体を x 軸に垂直な平面で切ったとき，その切り口の面積を $S(x)$ とすると，2 平面 $x=a$，$x=b$ $(a<b)$ の間の立体の体積 V は

$$V=\int_a^b S(x)dx$$

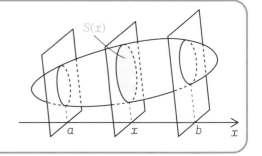

問題 ❶ 　底面積が S，高さが h の三角錐の体積を，定積分の考え方で求めましょう。

三角錐の頂点を O，O を通り底面に垂直な直線を x 軸として，x 軸上の点 O から距離 $t(0 \leqq t \leqq h)$ だけ離れた点を通って，x 軸に垂直な平面による三角錐の切り口を考えたとき，その面積は t に応じて定まる。これを $S(t)$ とすると，切り口は底面と相似な三角形で，相似比は $t:h$ だから

$$S(t):S=t^2:h^2 \quad \longleftarrow \text{相似比が } a:b \text{ のとき，面積比は } a^2:b^2$$

よって　$S(t)=\dfrac{S}{h^2}t^2 \quad \longleftarrow S(t) \text{ は } t \text{ の関数で，} S \text{ と } h \text{ は定数}$

このとき　$V=\displaystyle\int_0^h S(t)dt \quad \longleftarrow t \text{ を } 0 \text{ から } h \text{ まで動かすから，} 0 \text{ から } h \text{ まで積分する}$

$$=\int_0^h \frac{S}{h^2}t^2 dt$$

$$=\frac{S}{h^2}\left[\begin{array}{|c|} \hline ⑦ \\ \hline \end{array}t^3\right]_0^h$$

$$=\begin{array}{|c|} \hline ④ \\ \hline \end{array}Sh$$

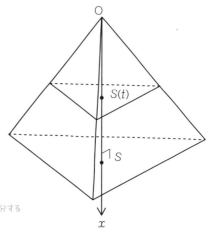

右の図を参考に，底面の半径が r，高さが h の直円錐の体積を，定積分の考え方で求めよ。ただし，点 H は円錐の頂点 O から底面に引いた垂線と底面との交点であり，点 A は底面の円周上の点である。

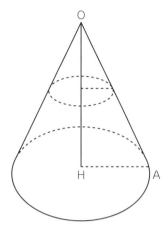

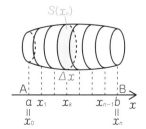

区分求積法による体積の求め方

　立体図形の体積も区分求積法の発想で定積分で表すことができます。

　立体図形を幅 Δx で n 等分割したときの k 番目の断面積を $S(x_k)$ として，n 等分割したときの体積を V_n とおくと

$$V_n = S(x_1)\Delta x + S(x_2)\Delta x + \cdots\cdots + S(x_n)\Delta x = \sum_{k=1}^{n} S(x_k)\Delta x \quad \longleftarrow \Delta x = \frac{b-a}{n}$$

　$n \longrightarrow \infty$ のとき，$V_n \longrightarrow V$ だから　$V = \lim_{n \to \infty} \sum_{k=1}^{n} S(x_k)\Delta x = \int_a^b S(x)\,dx$

63 回転体の体積

回転体の体積もまた，定積分でよく取り扱われるテーマです。

曲線 $y=f(x)$ と $x=a$，$x=b$ $(a<b)$ で囲まれた部分を x 軸の周りに回転してできる立体を x 軸に垂直な平面で切ったときの断面積を $S(x)$ とおくと

$$S(x)=\pi\{f(x)\}^2 \quad \longleftarrow \text{半径 } f(x) \text{ の円の面積}$$

だから，その体積は次のように表せる。

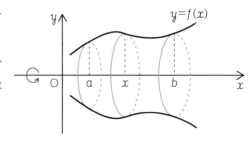

【x 軸の周りの回転体の体積】

$$V=\int_a^b S(x)dx=\pi\int_a^b \{f(x)\}^2 dx$$

問題 ❶ 曲線 $y=\sqrt{r^2-x^2}$ と x 軸で囲まれた図形を x 軸の周りに回転してできる立体の体積を，定積分を用いて求めてみましょう。

$y=\sqrt{r^2-x^2}$ の両辺を 2 乗すると

$y^2=r^2-x^2$ より　$x^2+y^2=r^2$

だから，曲線 $y=\sqrt{r^2-x^2}$ は，原点を中心とする半径 r の円の一部であり，$y\geqq 0$ より半円であるから，そのグラフは右の図のようになる。

よって，このグラフを x 軸の周りに回転させてできる立体の体積は　$\longleftarrow$ 球の体積

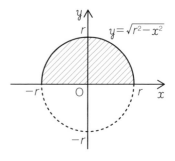

$$V=\pi\int_{-r}^{r} y^2 dx=\pi\int_{-r}^{r}(\sqrt{r^2-x^2})^2 dx \quad \longleftarrow 2 \text{ 乗するから，} x=r\sin\theta \text{ の置き換えの必要はない}$$

$$=\pi\int_{-r}^{r}(r^2-x^2)dx \quad \longleftarrow \text{「} \int_{-r}^{r} \text{」とあったら，偶関数・奇関数に着目する}$$

$$=\boxed{}\,\pi\int_{0}^{r}(r^2-x^2)dx \quad \longleftarrow \int_{-r}^{r}(\text{偶関数})dx=2\int_{0}^{r}(\text{偶関数})dx$$

$$=2\pi\left[r^2 x-\frac{1}{3}x^3\right]_0^r$$

$$=2\pi\left(r^3-\frac{1}{3}r^3\right)=\boxed{}\,\pi r^3$$

曲線 $y=\sqrt{x}$ と直線 $y=x$ で囲まれた部分を，x 軸の周りに 1 回転させてできる回転体の体積を求めよ。

☺ x 軸の周りや y 軸の周りの回転体の計算では，円錐や円柱などの空洞ができることがあります。こんなときは，積分計算だけで考えるよりも，円錐や球などの既知の図形の体積の公式も併用することで，計算が簡略化できます。すなわち，（求める体積）＝（空洞を含む体積）－（空洞となる体積）

もっとくわしく $x=g(y)$ の y 軸の周りの回転体は？

曲線 $x=g(y)$ と 2 直線 $y=c$，$y=d\,(c<d)$ と y 軸で囲まれた部分を y 軸の周りに回転してできる立体の体積 V は

$$V=\pi\int_c^d \{g(y)\}^2 dy=\pi\int_c^d x^2 dy$$

となります。

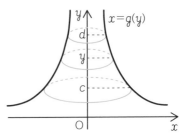

数直線上を移動する点 P の座標が時刻 t の関数 $x=f(t)$ で表されるとき，点 P の速度もまた t の関数として

$$v=\frac{dx}{dt}=f'(t)$$ ←45で学習済み

で表されます。このことから，$t=t_1$ から $t=t_2$ までの点 P の位置の変化量 $f(t_2)-f(t_1)$ は，

$$f(t_2)-f(t_1)=\Big[f(x)\Big]_{t_1}^{t_2}=\int_{t_1}^{t_2}f'(t)dt=\int_{t_1}^{t_2}vdt$$

となります。

このとき，$t=t_2$ における点 P の座標は $$f(t_2)=f(t_1)+\int_{t_1}^{t_2}vdt$$

時刻 t_1 から t_2 までに点 P が移動した道のり s は $$s=\int_{t_1}^{t_2}|v|dt$$

で表されます。

問題 ① 原点を時刻 $t=0$ に出発した数直線上を移動する点 P の速度が $v=2t-t^2$ で表されるとき，$t=5$ における点 P の位置と，$t=0$ から $t=5$ までに移動した点 P の道のりを求めましょう。

点 P が時刻 t のときの位置を $f(t)$ とおくと，時刻 $t=0$ に原点を出発したから，5秒後の点 P の位置 $f(5)$ は

$$f(5)=f(0)+\int_0^5 vdt=\int_0^5(2t-t^2)dt$$
$$=\Big[t^2-\frac{1}{3}t^3\Big]_0^5=\Big(5^2-\frac{1}{3}\cdot5^3\Big)=-\boxed{}^{\text{ア}}$$

また，点 P が時刻 $t=0$ から $t=5$ までに移動した道のりは

$$\int_0^5|v|dt=\int_0^5|t(2-t)|dt$$

ここで，$v=|t(2-t)|$ としたときのグラフは右の図のようだから

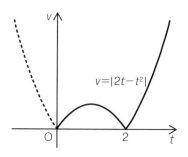

$$\int_0^5|v|dt=\int_0^2(2t-t^2)dt+\int_2^5(-2t+t^2)dt$$
$$=\Big[t^2-\frac{1}{3}t^3\Big]_0^2+\Big[-t^2+\frac{1}{3}t^3\Big]_2^5$$
$$=\Big(4-\frac{8}{3}\Big)+\Big(-25+\frac{125}{3}\Big)-\Big(-4+\frac{8}{3}\Big)=\boxed{}^{\text{イ}}$$

原点を時刻 $t=0$ に出発した数直線上を移動する点 P の速度が $v=t^2-4t$ で表されるとき，$t=6$ における点 P の位置と，$t=0$ から $t=6$ までに移動した点 P の道のりを求めよ。

もっとくわしく 距離と速度と加速度の関係

物体の移動に関しては，距離，速度，加速度に次の関係があることがわかります。

$$移動距離 \underset{積分}{\overset{微分}{\rightleftarrows}} 速度 \underset{積分}{\overset{微分}{\rightleftarrows}} 加速度$$

65 曲線の長さ

定積分の応用⑤

座標平面上を動く点については，ある時刻 t の関数として $x=f(t)$，$y=g(t)$ とおくことで，その位置を，$\mathrm{P}(f(t),\ g(t))$ と考えることができます。

点 P がある曲線上を動くとき，ごく短い時間 Δt における点 P の，x 軸方向の移動距離を Δx，y 軸方向の移動距離を Δy，その移動距離を ΔL とすると，$(\Delta L)^2 \fallingdotseq (\Delta x)^2+(\Delta y)^2$ が成り立つので

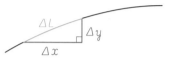

$$\left(\frac{\Delta L}{\Delta t}\right)^2 = \left(\frac{\Delta x}{\Delta t}\right)^2 + \left(\frac{\Delta y}{\Delta t}\right)^2$$

$\Delta t \to 0$ のとき，$\dfrac{\Delta L}{\Delta t} \to \dfrac{dL}{dt}$，$\dfrac{\Delta x}{\Delta t} \to \dfrac{dx}{dt}$，$\dfrac{\Delta y}{\Delta t} \to \dfrac{dy}{dt}$ であることから

$$\frac{dL}{dt}=\sqrt{\left(\frac{dx}{dt}\right)^2+\left(\frac{dy}{dt}\right)^2} \quad より \quad L=\int \sqrt{\left(\frac{dx}{dt}\right)^2+\left(\frac{dy}{dt}\right)^2}\,dt$$

が成り立ちます。

このとき，L は曲線の長さですが，t は時間ではなく媒介変数 t と考えることができます。

問題① $x=t-\sin t$，$y=1-\cos t$ （$0 \leqq t \leqq \pi$）で表される曲線の長さ L を求めましょう。

曲線 $x=t-\sin t$，$y=1-\cos t$ において

$$\frac{dx}{dt}=1-\cos t,\ \frac{dy}{dt}=\sin t$$

また $\left(\dfrac{dx}{dt}\right)^2+\left(\dfrac{dy}{dt}\right)^2=(1-\cos t)^2+(\sin t)^2$

$$=1-2\cos t+\cos^2 t+\sin^2 t$$

$$=2(1-\cos t)$$

$$\overset{\text{ア}}{\boxed{}}\sin^2 \frac{t}{2} \qquad \leftarrow 1-\cos 2x=2\sin^2 x$$

だから $L=\displaystyle\int_0^\pi \sqrt{\left(\frac{dx}{dt}\right)^2+\left(\frac{dy}{dt}\right)^2}\,dt$

$$=\int_0^\pi 2\sin\frac{t}{2}\,dt \qquad \leftarrow 0\leqq t \leqq \pi で\quad \sin\frac{t}{2}\geqq 0$$

$$=\overset{\text{イ}}{\boxed{}}\left[-\cos\frac{t}{2}\right]_0^\pi$$

$$=\overset{\text{ウ}}{\boxed{}}\{0-(-1)\}=\overset{\text{エ}}{\boxed{}}$$

ッフゥ ッフゥ

ひもが
ながーい
ね

140

$x=\cos^3 t$, $y=\sin^3 t$ $\left(0\leqq t\leqq \dfrac{\pi}{2}\right)$ で表される曲線の長さ L を求めよ。

もっとくわしく 曲線 $y=f(x)$ $(\alpha\leqq x\leqq\beta)$ の長さ

曲線 $y=f(x)(\alpha\leqq x\leqq\beta)$ の長さについては，$(x,\ f(x))$ の $\alpha\leqq x\leqq\beta$ の移動距離を考えます。

変化する量を t ではなく x で考えるのですから，t を x に変えて $\dfrac{dx}{dx}=1$, $\dfrac{dy}{dx}=\dfrac{d}{dx}f(x)=f'(x)$

したがって，移動距離は $L=\displaystyle\int_{\alpha}^{\beta}\sqrt{\left(\dfrac{dx}{dx}\right)^2+\left(\dfrac{dy}{dx}\right)^2}\,dx=\int_{\alpha}^{\beta}\sqrt{1+\{f'(x)\}^2}\,dx$

となります。

復習テスト④

1

次の不定積分を，置換積分法を用いて求めよ。

(1) $\displaystyle\int e^x \sqrt{e^x + 3}\, dx = \dfrac{\boxed{\text{ア}}}{\boxed{\text{イ}}}(e^x + \boxed{\text{ウ}})^{\frac{\boxed{\text{エ}}}{\boxed{\text{オ}}}} + C$

(2) $\displaystyle\int \dfrac{x}{(x+1)^3}\, dx = -\dfrac{\boxed{\text{カ}}}{x+1} + \dfrac{\boxed{\text{キ}}}{2(x+1)^2} + C$

(3) $\displaystyle\int \cos^3 x\, dx = \sin x - \dfrac{\boxed{\text{ク}}}{\boxed{\text{ケ}}}\sin^{\boxed{\text{コ}}} x + C$

2

次の定積分を求めよ。

(1) $\displaystyle\int_0^{\frac{\pi}{2}} \cos^3 x\, \sin x\, dx = \dfrac{\boxed{\text{ア}}}{\boxed{\text{イ}}}$

(2) $\displaystyle\int_1^e x^2 \log x\, dx = \dfrac{\boxed{\text{ウ}}}{\boxed{\text{エ}}} e^{\boxed{\text{オ}}} + \dfrac{\boxed{\text{カ}}}{\boxed{\text{キ}}}$

(3) $\displaystyle\int_0^1 \dfrac{x^2}{1+x^2}\, dx = \boxed{\text{ク}} - \dfrac{\pi}{\boxed{\text{ケ}}}$

3

曲線 $\sqrt{x}+\sqrt{y}=1$ について，y が x の関数であるとみなすとき，x の定義域は

$$\boxed{\text{ア}}\leq x\leq\boxed{\text{イ}}$$

である。x が増大すれば y は減少するから，y は減少関数である。

　曲線を表す方程式を，y について解くと　　$y=x-\boxed{\text{ウ}}\sqrt{x}+\boxed{\text{エ}}$

　この曲線と x 軸と y 軸で囲まれた図形をPとしたときのPの面積は

$$\frac{\boxed{\text{オ}}}{\boxed{\text{カ}}}$$

であり，図形Pを x 軸の周りに1回転してできる立体Qの体積は

$$\frac{\boxed{\text{キ}}}{\boxed{\text{クケ}}}\pi$$

である。

4

(1)　曲線 $y=\dfrac{1}{2}(e^{x}+e^{-x})$ の $0\leq x\leq1$ の部分の長さは

$$\frac{\boxed{\text{ア}}}{\boxed{\text{イ}}}\left(e-\frac{1}{e}\right)$$

である。

(2)　x 軸上を動く点Pの位置が，t の関数として $x=12t-t^{2}$ で表されるとき，点Pの時刻 $t=2$ における速度は $\boxed{\text{ウ}}$ であり，加速度は $\boxed{\text{エオ}}$ である。

　また，点Pが運動の向きを変えるのは時刻 $t=\boxed{\text{カ}}$ のときであり，そのときの点Pの位置は $x=\boxed{\text{キク}}$ である。よって，時刻 $t=0$ から $t=9$ の間に移動した点Pの道のりは $\boxed{\text{ケコ}}$ である。

高校数学Ⅲをひとつひとつわかりやすく。

編集協力
立石英夫
株式会社　ダブルウイング
高木直子，萩野径彦，花園安紀，林千珠子

カバーイラスト
坂木浩子

本文イラスト
こさかいずみ

ブックデザイン
山口秀昭（Studio Flavor）

DTP
株式会社　四国写研

高校数学Ⅲを
ひとつひとつわかりやすく。

解答と解説

Gakken

01 分数関数とグラフ

6ページの答え
⑦ 2　④ 3　⑦ 2　② 3　⑦ 2　⑦ 3

7ページの答え

分数関数 $y=\dfrac{3x+7}{x+2}$ のグラフを，その定義域，値域に気をつけてかけ。

$$\dfrac{3x+7}{x+2}=\dfrac{3(x+2)+1}{x+2}=3+\dfrac{1}{x+2}$$ ← $(3x+7)\div(x+2)$ の筆算で求めてもよい

だから　$y=\dfrac{1}{x+2}+3$

このとき，漸近線は

　2直線 $x=-2$，$y=3$　← 最初に，漸近線からかくと，グラフをかきやすい

だから，

　　定義域は　$x\neq-2$

　　値域は　　$y\neq3$

グラフと x 軸との交点は $\left(-\dfrac{7}{3},\ 0\right)$

グラフと y 軸との交点は $\left(0,\ \dfrac{7}{2}\right)$

よって，グラフは右の図のようになる。

02 分数方程式と分数不等式

8ページの答え
⑦ 3　④ 0　⑦ 1

9ページの答え

分数関数 $y=\dfrac{-2x+1}{x-1}$ のグラフを利用して，分数不等式 $\dfrac{-2x+1}{x-1}\geqq-x-1$ を解け。

$\dfrac{-2x+1}{x-1}=-x-1$ の両辺に $x-1$ を掛けると

　　$-2x+1=(x-1)(-x-1)$　$x(x-2)=0$ より　$x=0,\ 2$

よって，$y=\dfrac{-2x+1}{x-1}$ と $y=-x-1$ の2つのグラフの共有点の座標は

　　$(0,\ -1)$，$(2,\ -3)$

さらに $\dfrac{-2x+1}{x-1}=\dfrac{-2(x-1)-1}{x-1}=-2-\dfrac{1}{x-1}$

より，関数 $y=\dfrac{-2x+1}{x-1}$ のグラフの漸近線は　2直線 $x=1$，$y=-2$

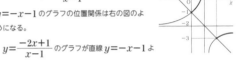

であり，関数 $y=\dfrac{-2x+1}{x-1}$ のグラフと直線 $y=-x-1$ のグラフの位置関係は右の図のようになる。

$y=\dfrac{-2x+1}{x-1}$ のグラフが直線 $y=-x-1$ より上側にある部分は，図の太線部分だから，図より

　　$0\leqq x<1,\ 2\leqq x$

03 無理関数とグラフ

10ページの答え
⑦ -2　④ 0　⑦ -2

11ページの答え

関数 $y=\sqrt{8-2x}$ の定義域と値域を求めて，そのグラフをかけ。

関数 $y=\sqrt{8-2x}$ の定義域は，根号内が0以上となることから

　　$8-2x\geqq0$　← $y=\sqrt{X}$ の定義域は，$X\geqq0$

よって　$x\leqq4$

このとき，$8-2x$ は0以上のすべての値をとるので，値域は

　　$y\geqq0$

また　$\sqrt{8-2x}=\sqrt{-2(x-4)}$

と変形できるから，$y=\sqrt{8-2x}$ のグラフは $y=\sqrt{-2x}$ のグラフを x 軸方向に 4 だけ平行移動したグラフで，右の図のようになる。

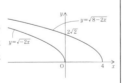

04 無理方程式と無理不等式

12ページの答え
⑦ 2　④ 1　⑦ -1

13ページの答え

グラフを利用して，無理不等式 $\sqrt{4x+4}>x+1$ を解け。

$\sqrt{4x+4}=\sqrt{4(x+1)}$ だから，$y=\sqrt{4x+4}$ のグラフは，$y=\sqrt{4x}$ のグラフを x 軸方向に -1 だけ平行移動したものであり，$\sqrt{4x+4}$ の定義域は $x\geqq-1$ である。

一方，$y=\sqrt{4x+4}$ のグラフと直線 $y=x+1$ の共有点は $\sqrt{4x+4}=x+1$ の解であり，両辺を2乗して整理すると

　　$4x+4=x^2+2x+1$　← $x^2-2x-3=0$

　　$(x+1)(x-3)=0$

よって　$x=-1,\ 3$

これは，$y=x+1$ において，$y\geqq0$ をともに満たす。

したがって，2つのグラフの共有点の座標は

　　$(-1,\ 0)$，$(3,\ 4)$

よって，2つのグラフの位置関係は右の図のようになる。

グラフから，$y=\sqrt{4x+4}$ のグラフが直線 $y=x+1$ より上にあるのは

　　$-1<x<3$

05 逆関数とグラフ

本文 14・15 ページ

14ページの答え

⑦7　④3

15ページの答え

次の関数の逆関数と，その定義域と値域を求めよ。

(1) $y=\dfrac{x+1}{x-3}$

$y=\dfrac{x+1}{x-3}=\dfrac{(x-3)+4}{x-3}=1+\dfrac{4}{x-3}$ だから

関数 $y=1+\dfrac{4}{x-3}$ の定義域は $x \neq 3$，値域は $y \neq 1$

よって，逆関数の定義域は $x \neq 1$，値域は $y \neq 3$

$y=1+\dfrac{4}{x-3}$ において，x を y，y を x で置き換えると $x=1+\dfrac{4}{y-3}$

したがって　$y-3=\dfrac{4}{x-1}$　← $x-1=\dfrac{4}{y-3}$ の変形より

$$y=\dfrac{4}{x-1}+3=\dfrac{3x+1}{x-1}$$

(2) $y=\sqrt{x+2}$

$y=\sqrt{x+2}$ の定義域は，$x+2 \geqq 0$ より $x \geqq -2$，値域は $y \geqq 0$

よって，逆関数の定義域は $x \geqq 0$，値域は $y \geqq -2$

$y=\sqrt{x+2}$ において，x を y，y を x で置き換えると　$x=\sqrt{y+2}$

両辺を2乗して　$x^2=y+2$

よって，求める逆関数は　$y=x^2-2$ $(x \geqq 0)$

06 合成関数

本文 16・17 ページ

16ページの答え

⑦2　④3　⑤2

17ページの答え

$f(x)=2x+1$，$g(x)=x^2-2x+1$ のとき，合成関数 $f \circ g(x)$ と $g \circ f(x)$ を求めよ。さらに，$f \circ g(x)=g \circ f(x)$ となる x の値を求めよ。

$f \circ g(x)=f(g(x))$ だから

$f \circ g(x)=f(x^2-2x+1)$

$=2(x^2-2x+1)+1$　← $2x+1$ の「x」に，x^2-2x+1 を代入する

$=2x^2-4x+3$

$g \circ f(x)=g(f(x))$ だから

$g \circ f(x)=g(2x+1)$　← $g \circ f(x)$ では，先に関数 $f(x)$ の計算を行った結果を $g(x)$ に代入する

$=(2x+1)^2-2(2x+1)+1$　← x^2-2x+1 の「x」に，$2x+1$ を代入する

$=4x^2+4x+1-4x-2+1$

$=4x^2$

したがって，$f \circ g(x)=g \circ f(x)$ を満たす x の値は

$2x^2-4x+3=4x^2$

の解であり，この2次方程式を整理すると　$2x^2+4x-3=0$

よって，解の公式から　$x=\dfrac{-2 \pm \sqrt{2^2-2 \cdot(-3)}}{2}=\dfrac{-2 \pm \sqrt{10}}{2}$

07 数列の極限の収束と発散

本文 18・19 ページ

18ページの答え

⑦∞　④発散　⑤0

19ページの答え

$n \longrightarrow \infty$ とするとき，次の数列の極限を調べよ。

(1) $-n$

$\displaystyle\lim_{n \to \infty}(-n)=-\lim_{n \to \infty} n=-\infty$ より　負の無限大に発散する。

(2) $\dfrac{2}{n}$

$\displaystyle\lim_{n \to \infty}\dfrac{2}{n}=2\lim_{n \to \infty}\dfrac{1}{n}=0$ より　0に収束する。

(3) $\left(\dfrac{1}{2}\right)^n$

$\displaystyle\lim_{n \to \infty}\left(\dfrac{1}{2}\right)^n=0$ より　0に収束する。

(4) $\cos n\pi$

$\displaystyle\lim_{n \to \infty}\cos n\pi$ で，n が偶数すなわち $n=2m$ （m は自然数）のとき

$\displaystyle\lim_{n \to \infty}\cos n\pi=\lim_{m \to \infty}\cos 2m\pi=1$

n が奇数すなわち $n=2m+1$ のとき

$\displaystyle\lim_{n \to \infty}\cos n\pi=\lim_{m \to \infty}\cos(2m+1)\pi=\lim_{m \to \infty}\cos \pi=-1$

したがって，$\displaystyle\lim_{n \to \infty}\cos n\pi$ は振動する。

08 数列の極限の性質

本文 20・21 ページ

20ページの答え

⑦−6　④3

21ページの答え

$\displaystyle\lim_{n \to \infty}\dfrac{2a_n+2}{a_n+4}=1$ であるとき，$\displaystyle\lim_{n \to \infty} a_n$ を求めよ。

$b_n=\dfrac{2a_n+2}{a_n+4}$ ……①とおくと，$\displaystyle\lim_{n \to \infty} b_n=1$ である。

ここで，$b_n=\dfrac{2a_n+2}{a_n+4}=\dfrac{2(a_n+4)-6}{a_n+4}=2-\dfrac{6}{a_n+4}$　だから　$b_n \neq 2$

①を a_n について解くと，$b_n(a_n+4)=2a_n+2$ より

$(b_n-2)a_n=-4b_n+2$

$b_n \neq 2$ だから，$a_n=\dfrac{-4b_n+2}{b_n-2}$ で　← 仮定は $\displaystyle\lim_{n \to \infty} b_n=1$ であるから，これを前提として $\displaystyle\lim_{n \to \infty} a_n$ を求める

$\displaystyle\lim_{n \to \infty} a_n=\lim_{n \to \infty}\dfrac{-4b_n+2}{b_n-2}=\dfrac{\displaystyle\lim_{n \to \infty}(-4b_n+2)}{\displaystyle\lim_{n \to \infty}(b_n-2)}=\dfrac{-4 \cdot 1+2}{1-2}$

$=\dfrac{-2}{-1}=2$

22ページの答え
⑦ 1　④ 4　⑦ 4

23ページの答え

次の極限値を求めよ。

(1) $\displaystyle\lim_{n\to\infty}(n-\sqrt{n})$

$\displaystyle=\lim_{n\to\infty}n\left(1-\frac{1}{\sqrt{n}}\right)$

$=\infty$

(2) $\displaystyle\lim_{n\to\infty}(\sqrt{9n^2+4n}-3n)$

$\displaystyle=\lim_{n\to\infty}\frac{(\sqrt{9n^2+4n}-3n)(\sqrt{9n^2+4n}+3n)}{\sqrt{9n^2+4n}+3n}$

$\displaystyle=\lim_{n\to\infty}\frac{4n}{\sqrt{9n^2+4n}+3n}$

$\displaystyle=\lim_{n\to\infty}\frac{4}{\sqrt{9+\dfrac{4}{n}}+3}=\frac{4}{6}=\frac{2}{3}$

24ページの答え
⑦ n^2　④ 0

25ページの答え

はさみうちの原理を用いて, $\displaystyle\lim_{n\to\infty}\frac{1+(-1)^n}{n}$ を求めよ。

数列 $\{1+(-1)^n\}$ は, m を負でない整数として

n が偶数, すなわち $n=2m$ のとき　$1+(-1)^{2m}=2$

n が奇数, すなわち $n=2m+1$ のとき　$1+(-1)^{2m+1}=1-1=0$

よって, すべての自然数 n で　$0\leqq 1+(-1)^n\leqq 2$

したがって　$0\leqq\dfrac{1+(-1)^n}{n}\leqq\dfrac{2}{n}$

一方, $\displaystyle\lim_{n\to\infty}\frac{2}{n}=0$ だから, はさみうちの原理より

$$\lim_{n\to\infty}\frac{1+(-1)^n}{n}=0$$

26ページの答え
⑦ 0　④ 1　⑦ −1

27ページの答え

数列 $\left\{\dfrac{2-r^n}{2+r^n}\right\}$ の極限を, 次の各場合について求めよ。

(1) $r>1$

$r>1$ のとき　$\dfrac{2-r^n}{2+r^n}=\dfrac{\dfrac{2}{r^n}-1}{\dfrac{2}{r^n}+1}$ で, $n\longrightarrow\infty$ のとき,

$\dfrac{2}{r^n}\longrightarrow 0$ だから　$\displaystyle\lim_{n\to\infty}\frac{2-r^n}{2+r^n}=\frac{0-1}{0+1}=-1$

(2) $r=1$

$r=1$ のとき, $n\longrightarrow\infty$ で $r^n\longrightarrow 1$ だから

$\displaystyle\lim_{n\to\infty}\frac{2-r^n}{2+r^n}=\frac{2-1}{2+1}=\frac{1}{3}$

(3) $|r|<1$

$|r|<1$ のとき, $n\longrightarrow\infty$ で $r^n\longrightarrow 0$ だから

$\displaystyle\lim_{n\to\infty}\frac{2-r^n}{2+r^n}=\frac{2-0}{2+0}=\frac{2}{2}=1$

(4) $r<-1$

$r<-1$ のとき　$\dfrac{2-r^n}{2+r^n}=\dfrac{\dfrac{2}{r^n}-1}{\dfrac{2}{r^n}+1}$ で, $n\longrightarrow\infty$ のとき,

$\dfrac{2}{r^n}\longrightarrow 0$ だから　$\displaystyle\lim_{n\to\infty}\frac{2-r^n}{2+r^n}=\frac{0-1}{0+1}=-1$

28ページの答え
⑦ 1　④ 1　⑦ 1

29ページの答え

次の無限級数が収束するかどうかについて調べ, 収束するときはその和を求めよ。

$\displaystyle\sum_{n=1}^{\infty}\frac{1}{\sqrt{n}+\sqrt{n+1}}$

$\displaystyle\frac{1}{\sqrt{n}+\sqrt{n+1}}=\frac{\sqrt{n}-\sqrt{n+1}}{(\sqrt{n}+\sqrt{n+1})(\sqrt{n}-\sqrt{n+1})}$

$=-\sqrt{n}+\sqrt{n+1}$

だから, 第 n 項までの部分和を S_n とすると

$\displaystyle S_n=\frac{1}{1+\sqrt{2}}+\frac{1}{\sqrt{2}+\sqrt{3}}+\frac{1}{\sqrt{3}+\sqrt{4}}+\cdots$

$\displaystyle\cdots+\frac{1}{\sqrt{n-1}+\sqrt{n}}+\frac{1}{\sqrt{n}+\sqrt{n+1}}$

$=-1+\sqrt{2}-\sqrt{2}+\sqrt{3}-\sqrt{3}+\sqrt{4}-\cdots$

$\cdots-\sqrt{n-1}+\sqrt{n}-\sqrt{n}+\sqrt{n+1}$

$=-1+\sqrt{n+1}$

よって $\displaystyle\sum_{n=1}^{\infty}\frac{1}{\sqrt{n}+\sqrt{n+1}}=\lim_{n\to\infty}(-1+\sqrt{n+1})=\infty$

13 無限等比級数の計算

30ページの答え

㋐ 1　㋑ 1

31ページの答え

無限級数 $\displaystyle\sum_{n=1}^{\infty}\left(\dfrac{3^n+4^n}{6^n}\right)$ が収束することを確認して，その和を求めよ。

$\dfrac{3^n+4^n}{6^n}=\dfrac{3^n}{6^n}+\dfrac{4^n}{6^n}=\left(\dfrac{1}{2}\right)^n+\left(\dfrac{2}{3}\right)^n$ であり

$\displaystyle\sum_{n=1}^{\infty}\left(\dfrac{1}{2}\right)^n$ は，初項 $\dfrac{1}{2}$，公比 $\dfrac{1}{2}$ の無限等比級数だから，収束する。

$\displaystyle\sum_{n=1}^{\infty}\left(\dfrac{2}{3}\right)^n$ は，初項 $\dfrac{2}{3}$，公比 $\dfrac{2}{3}$ の無限等比級数だから，収束する。

したがって，2つの無限等比級数はともに収束して，それぞれの和は

$$\sum_{n=1}^{\infty}\left(\frac{1}{2}\right)^n=\frac{\dfrac{1}{2}}{1-\dfrac{1}{2}}=\frac{1}{2-1}=1$$

$$\sum_{n=1}^{\infty}\left(\frac{2}{3}\right)^n=\frac{\dfrac{2}{3}}{1-\dfrac{2}{3}}=\frac{2}{3-2}=2$$

よって $\displaystyle\sum_{n=1}^{\infty}\left(\dfrac{3^n+4^n}{6^n}\right)=1+2=3$

14 無限等比級数の収束条件

32ページの答え

㋐ 1　㋑ 1　㋒ 2

33ページの答え

無限等比級数 $x+x(1-x^2)+x(1-x^2)^2+\cdots\cdots+x(1-x^2)^{n-1}+\cdots\cdots$ が収束するような x の値の範囲と，そのときの和を求めよ。

無限等比数列の初項は x，公比は $1-x^2$ であり，収束するための条件は

（ア）　初項 $=0$　または　（イ）　$|$公比$|<1$

である。

（ア）　$x=0$　……①

（イ）　$|1-x^2|<1$ より　$-1<1-x^2<1$

すなわち　$0<x^2<2$

よって　$-\sqrt{2}<x<\sqrt{2}$　（$x\neq0$）　……②　← $0<x^2,\ x^2<2$

①，②より，無限等比級数が収束する条件は

$-\sqrt{2}<x<\sqrt{2}$

このとき，その和は

$x=0$ のとき　0

$x\neq0$ のとき　$\dfrac{x}{1-(1-x^2)}=\dfrac{1}{x}$　← $x=0$ のときは，この和は表せないので別に書く必要がある

15 関数の極限

34ページの答え

㋐ $\dfrac{1}{6}$

35ページの答え

次の極限値を求めよ。

(1) $\displaystyle\lim_{x\to1}\dfrac{x^2-1}{x^2+x-2}$

$\displaystyle=\lim_{x\to1}\dfrac{(x-1)(x+1)}{(x-1)(x+2)}$

$\displaystyle=\lim_{x\to1}\dfrac{x+1}{x+2}=\dfrac{2}{3}$

(2) $\displaystyle\lim_{x\to1}\dfrac{\sqrt{x}-1}{x-1}$

$\displaystyle=\lim_{x\to1}\dfrac{(\sqrt{x}-1)(\sqrt{x}+1)}{(x-1)(\sqrt{x}+1)}$

$\displaystyle=\lim_{x\to1}\dfrac{x-1}{(x-1)(\sqrt{x}+1)}$

$\displaystyle=\lim_{x\to1}\dfrac{1}{\sqrt{x}+1}=\dfrac{1}{2}$

16 ある極限値をとる関数の決定

36ページの答え

㋐ 0　㋑ -1　㋒ 0

37ページの答え

$\displaystyle\lim_{x\to2}\dfrac{a\sqrt{x+2}+b}{x-2}=1$ となるように，a，b の値を定めよ。

$\displaystyle\lim_{x\to2}\dfrac{a\sqrt{x+2}+b}{x-2}=1$　……①

分母 $\longrightarrow 0$ のときに極限値が存在するから　$\displaystyle\lim_{x\to2}(a\sqrt{x+2}+b)=0$

すなわち　$2a+b=0$

このとき　$b=-2a$　……②

これを $a\sqrt{x+2}+b$ に代入すると

$a\sqrt{x+2}+b=a\sqrt{x+2}-2a$

$=a(\sqrt{x+2}-2)$

よって $\displaystyle\lim_{x\to2}\dfrac{a\sqrt{x+2}+b}{x-2}=\lim_{x\to2}\dfrac{a(\sqrt{x+2}-2)}{x-2}$

$\displaystyle=\lim_{x\to2}\dfrac{a(\sqrt{x+2}-2)(\sqrt{x+2}+2)}{(x-2)(\sqrt{x+2}+2)}$

$\displaystyle=\lim_{x\to2}\dfrac{a(x-2)}{(x-2)(\sqrt{x+2}+2)}$

$\displaystyle=\lim_{x\to2}\dfrac{a}{\sqrt{x+2}+2}=\dfrac{a}{4}$

$\dfrac{a}{4}=1$ のとき，①が成り立つから　$a=4$

このとき，②から　$b=-8$

38ページの答え

⑦ 0　④ 0　⑦ -2　② 2

39ページの答え

次の片側極限の値をそれぞれ求めよ。

(1) $\displaystyle\lim_{x \to +0} \frac{x^2-|x|}{|x|}$

$\displaystyle=\lim_{x \to +0} \frac{x^2-x}{x}$

$\displaystyle=\lim_{x \to +0} (x-1) = -1$

(2) $\displaystyle\lim_{x \to -0} \frac{x^2-|x|}{|x|}$

$\displaystyle=\lim_{x \to -0} \frac{x^2-(-x)}{-x}$

$\displaystyle=\lim_{x \to -0} (-x-1) = -1$

（注意）$\displaystyle\lim_{x \to +0} \frac{x^2-|x|}{|x|} = \lim_{x \to -0} \frac{x^2-|x|}{|x|}$ より　$\displaystyle\lim_{x \to 0} \frac{x^2-|x|}{|x|} = -1$

40ページの答え

⑦ 2　④ $\dfrac{1}{2}$

41ページの答え

次の極限値を求めよ。

(1) $\displaystyle\lim_{x \to -\infty} \frac{x^2-4}{2x^2+3x+4}$

$\displaystyle=\lim_{x \to -\infty} \frac{1-\dfrac{4}{x^2}}{2+\dfrac{3}{x}+\dfrac{4}{x^2}} = \frac{1}{2}$

(2) $\displaystyle\lim_{x \to -\infty} (\sqrt{x^2+x}+x)$

$\displaystyle=\lim_{x \to -\infty} \frac{(\sqrt{x^2+x}+x)(\sqrt{x^2+x}-x)}{\sqrt{x^2+x}-x}$

$\displaystyle=\lim_{x \to -\infty} \frac{x}{\sqrt{x^2+x}-x} = \lim_{x \to -\infty} \frac{x}{-x\sqrt{\dfrac{x^2+x}{(-x)^2}}-x}$ 　← $\sqrt{2a^2}=a\sqrt{2}$ とできないことに注意する　ここでは，$x \to -\infty$ だから，$a<0$ と考えると　$\sqrt{2a^2}=-a\sqrt{2}$ としなくてはいけない

$\displaystyle=\lim_{x \to -\infty} \frac{x}{-x\sqrt{1+\dfrac{1}{x}}-x}$

$\displaystyle=\lim_{x \to -\infty} \frac{1}{-\sqrt{1+\dfrac{1}{x}}-1} = -\frac{1}{2}$ 　← 不定形が解消できたので，$\dfrac{1}{x} \to 0$ として計算を進めることができる

42ページの答え

⑦ 0　④ 2　⑦ ∞

43ページの答え

次の極限値を求めよ。

(1) $\displaystyle\lim_{x \to \infty} \frac{2^x}{2^x+2^{-x}}$

$\displaystyle=\lim_{x \to \infty} \frac{1}{1+2^{-2x}}$ で　$2^{-2x}=\left(\dfrac{1}{4}\right)^x$ だから

$x \to \infty$ のとき　$2^{-2x} \to 0$

よって　$\displaystyle\lim_{x \to \infty} \frac{2^x}{2^x+2^{-x}} = \lim_{x \to \infty} \frac{1}{1+2^{-2x}}$

$\displaystyle= \frac{1}{1+0} = 1$

(2) $\displaystyle\lim_{x \to \infty} \{\log_2(4x+1)-\log_2(2x+1)\}$

$\displaystyle=\lim_{x \to \infty} \log_2 \frac{4x+1}{2x+1}$

$\displaystyle=\lim_{x \to \infty} \log_2 \frac{4+\dfrac{1}{x}}{2+\dfrac{1}{x}} = 1$ 　← $\log_2 2 = 1$

44ページの答え

⑦ 0　④ 0

45ページの答え

次の極限値を求めよ。

(1) $\displaystyle\lim_{x \to 0} x \cos \frac{1}{x}$

$0 \leqq \left|\cos \dfrac{1}{x}\right| \leqq 1$ より　$0 \leqq \left|x \cos \dfrac{1}{x}\right| \leqq |x|$ 　← 辺々に $|x|$ を掛ける

$x \to 0$ のとき，$|x| \to 0$ だから，はさみうちの原理から

$\displaystyle\lim_{x \to 0} x \cos \frac{1}{x} = 0$

(2) $\displaystyle\lim_{x \to \infty} \frac{\sin x}{x}$

$-1 \leqq \sin x \leqq 1$ だから　$-\dfrac{1}{x} \leqq \dfrac{\sin x}{x} \leqq \dfrac{1}{x}$ 　$(x>0)$

$x \to \infty$ のとき，$\dfrac{1}{x} \to 0$，$-\dfrac{1}{x} \to 0$ だから，はさみうちの原理から

$\displaystyle\lim_{x \to \infty} \frac{\sin x}{x} = 0$

46ページの答え

㋐2 ㋑2

47ページの答え

次の極限値を求めよ。

(1) $\displaystyle\lim_{\theta\to0}\frac{\sin 2\theta}{\sin 3\theta}$

$\displaystyle=\lim_{\theta\to0}\frac{\sin 2\theta}{2\theta}\cdot\frac{3\theta}{\sin 3\theta}\cdot\frac{2}{3}$

$\displaystyle=\frac{2}{3}\lim_{\theta\to0}\frac{\sin 2\theta}{2\theta}\cdot\lim_{\theta\to0}\frac{1}{\frac{\sin 3\theta}{3\theta}}=\frac{2}{3}$

(2) $\displaystyle\lim_{\theta\to0}\frac{\tan\theta}{\theta}$

$\displaystyle=\lim_{\theta\to0}\frac{\sin\theta}{\theta\cos\theta}$

$\displaystyle=\lim_{\theta\to0}\frac{\sin\theta}{\theta}\cdot\lim_{\theta\to0}\frac{1}{\cos\theta}$

$=1\cdot1=1$

48ページの答え

㋐1 ㋑2

49ページの答え

次の関数 $f(x)$ が，$x=2$ で連続であるように，定数 a の値を定めよ。

$$f(x)=\begin{cases}\dfrac{x^2-4}{x-2} & (x\neq2)\\ a & (x=2)\end{cases}$$

関数の定義より

$$f(2)=a \quad\cdots\cdots①$$

一方，$x\neq2$ のとき $\dfrac{x^2-4}{x-2}=\dfrac{(x+2)(x-2)}{x-2}=x+2$

だから

$$\lim_{x\to2}\frac{x^2-4}{x-2}=\lim_{x\to2}(x+2)=4 \quad\cdots\cdots②$$

①，②より，$f(x)$ が $x=2$ で連続である

ためには

$$\lim_{x\to2}f(x)=f(2)$$

すなわち $a=4$

50ページの答え

㋐0

51ページの答え

方程式 $3^x=4x$ が，$1<x<2$ の範囲に少なくとも1つの実数解をもつことを示せ。

$f(x)=3^x-4x$ とおくと，$f(x)$ は閉区間 $[1,2]$ で連続で

$$f(1)=3^1-4\cdot1=-1<0$$
$$f(2)=3^2-4\cdot2=9-8=1>0$$

したがって，方程式 $3^x-4x=0$ は $1<x<2$ に少なくとも1つの実数解を

もつ。

54ページの答え

㋐4 ㋑4 ㋒$\dfrac{1}{2\sqrt{2}}$ ㋓$\dfrac{1}{2\sqrt{2}}$

55ページの答え

関数 $f(x)=\dfrac{1}{x}$ の $x=2$ における微分係数を，定義にしたがって，2通りの方法で求めよ。

$\displaystyle f'(2)=\lim_{h\to0}\frac{f(2+h)-f(2)}{h}=\lim_{h\to0}\frac{\dfrac{1}{2+h}-\dfrac{1}{2}}{h}$ ← 通分すると $\dfrac{1}{a}-\dfrac{1}{b}=\dfrac{b-a}{ab}$

$\displaystyle=\lim_{h\to0}\frac{1}{h}\left\{\frac{2-(2+h)}{2(2+h)}\right\}=\lim_{h\to0}\left\{\frac{1}{h}\cdot\frac{-h}{2(2+h)}\right\}$ ← 約分できる

$\displaystyle=\lim_{h\to0}\frac{-1}{2(2+h)}=-\frac{1}{4}$

$\displaystyle f'(2)=\lim_{x\to2}\frac{f(x)-f(2)}{x-2}=\lim_{x\to2}\frac{\dfrac{1}{x}-\dfrac{1}{2}}{x-2}$

$\displaystyle=\lim_{x\to2}\frac{1}{x-2}\cdot\frac{2-x}{2x}$ ← $2-x=-(x-2)$

$\displaystyle=\lim_{x\to2}\left(-\frac{1}{2x}\right)=-\frac{1}{4}$

25 連続と微分可能

56ページの答え

⑦ 1　⑦ −1

57ページの答え

関数 $f(x)=|x^3|$ が $x=0$ で連続であるか，微分可能であるかを，定義にしたがって調べよ。

$$\lim_{x \to +0} \frac{f(x)-f(0)}{x}=\lim_{x \to +0} \frac{|x^3|}{x}=\lim_{x \to +0} \frac{x^3}{x}=0$$

$$\lim_{x \to -0} \frac{f(x)-f(0)}{x}=\lim_{x \to -0} \frac{|x^3|}{x}=\lim_{x \to -0} \frac{-x^3}{x}=0$$

よって，$f'(0)$ は存在する。

以上から，$f(x)=|x^3|$ は，$x=0$ で微分可能である。

したがって，$f(x)$ は $x=0$ で連続である。

26 導関数

58ページの答え

⑦ 2　⑦ 2

59ページの答え

定義にしたがって，次の導関数を求めよ。

(1) $f(x)=\dfrac{1}{x^2}$

$$f'(x)=\lim_{h \to 0} \frac{f(x+h)-f(x)}{h}=\lim_{h \to 0} \frac{\frac{1}{(x+h)^2}-\frac{1}{x^2}}{h}$$

$$=\lim_{h \to 0} \frac{1}{h} \cdot \left\{ \frac{x^2-(x+h)^2}{x^2(x+h)^2} \right\}$$

$$=\lim_{h \to 0} \frac{1}{h} \cdot \frac{(x-x-h)(x+x+h)}{x^2(x+h)^2}$$

$$=\lim_{h \to 0} \frac{1}{h} \cdot \frac{-h(2x+h)}{x^2(x+h)^2}=\lim_{h \to 0} \frac{-(2x+h)}{x^2(x+h)^2}=-\frac{2}{x^3}$$

(2) $f(x)=\sqrt{x+1}$

$$f'(x)=\lim_{h \to 0} \frac{f(x+h)-f(x)}{h}=\lim_{h \to 0} \frac{\sqrt{x+1+h}-\sqrt{x+1}}{h}$$

$$=\lim_{h \to 0} \frac{1}{h} \cdot \frac{(\sqrt{x+1+h}-\sqrt{x+1})(\sqrt{x+1+h}+\sqrt{x+1})}{\sqrt{x+1+h}+\sqrt{x+1}}$$

$$=\lim_{h \to 0} \frac{1}{h} \cdot \frac{h}{\sqrt{x+1+h}+\sqrt{x+1}}=\frac{1}{2\sqrt{x+1}}$$

27 積の導関数

60ページの答え

⑦ 5　⑦ 4　⑦ 1

61ページの答え

次の関数を微分せよ。

(1) $y=x^3-2x$

$$y'=(x^3-2x)'$$
$$=(x^3)'-(2x)'$$
$$=3x^{3-1}-2 \cdot 1 \cdot x^{1-1} \quad \leftarrow (x^n)'=nx^{n-1}, \ x^0=1$$
$$=3x^2-2$$

(2) $y=(x^2+2)(2x^2+x)$

$$y'=\{(x^2+2)(2x^2+x)\}' \quad \leftarrow \{f(x)g(x)\}'=f'(x)g(x)+f(x)g'(x)$$
$$=(x^2+2)'(2x^2+x)+(x^2+2)(2x^2+x)'$$
$$=2x(2x^2+x)+(x^2+2)\cdot(4x+1)$$
$$=4x^3+2x^2+4x^3+x^2+8x+2$$
$$=8x^3+3x^2+8x+2$$

28 商の導関数

62ページの答え

⑦ 2　⑦ 6

63ページの答え

次の関数を微分せよ。

(1) $y=\dfrac{1}{2x^2-1}$

$$y'=\left(\frac{1}{2x^2-1} \right)'=-\frac{(2x^2-1)'}{(2x^2-1)^2}$$

$$=-\frac{4x}{(2x^2-1)^2} \quad \leftarrow \left| \frac{1}{f(x)} \right|'=-\frac{|f(x)|'}{|f(x)|^2}$$

(2) $y=\dfrac{x}{x^2+1}$

$$y'=\left\{ \frac{x}{(x^2+1)} \right\}'=\frac{x'(x^2+1)-x(x^2+1)'}{(x^2+1)^2}$$

$$=\frac{1\cdot(x^2+1)-x\cdot 2x}{(x^2+1)^2} \quad \leftarrow \left| \frac{f(x)}{g(x)} \right|'=\frac{f'(x)g(x)-f(x)g'(x)}{|g(x)|^2}$$

$$=\frac{1-x^2}{(x^2+1)^2}$$

29 合成関数 $f(g(x))$ の導関数

64ページの答え

㋐ -18

65ページの答え

次の関数の導関数を求めよ。

(1) $y=(3x+2)^4$

$y=(3x+2)^4$ は，$y=u^4$，$u=3x+2$ の合成関数だから

$y'=\{(3x+2)^4\}'=(u^4)'\cdot(3x+2)'$ ← $\dfrac{dy}{du}\dfrac{du}{dx}$

$=4u^3\cdot3$ ← $(x^n)'=nx^{n-1}$

$=4(3x+2)^3\cdot3$ ← $u=3x+2$ で置き換える

$=12(3x+2)^3$ ← 導関数が積の形をしているのだから，展開する必要はない

(2) $y=\dfrac{1}{(2x+1)^4}$

$y=\dfrac{1}{(2x+1)^4}$ は，$y=\dfrac{1}{u^4}$，$u=2x+1$ の合成関数だから

$y'=\left(\dfrac{1}{u^4}\right)'\cdot(2x+1)'$ ← $\dfrac{dy}{du}\dfrac{du}{dx}$

$=(u^{-4})'\cdot(2x+1)'$ ← $\dfrac{1}{u^n}=u^{-n}$

$=-4u^{-4-1}\cdot2$ ← $(x^n)'=nx^{n-1}$

$=-8u^{-5}=-\dfrac{8}{(2x+1)^5}$ ← $u=2x+1$ を代入

---

30 逆関数 $x=f(y)$ を微分する

66ページの答え

㋐ 3 ㋑ $\dfrac{1}{3}$

67ページの答え

次の関数について，$\dfrac{dy}{dx}$ を求めよ。

(1) $x=y^6$

$x=y^6$ を x で微分すると

$$\dfrac{dy}{dx}=\dfrac{1}{\dfrac{dx}{dy}}=\dfrac{1}{\dfrac{d}{dy}(y^6)}=\dfrac{1}{6y^5}$$

(2) $y=\sqrt[6]{x}$

$y=\sqrt[6]{x}$ より $x=y^6$ だから，これを y で微分すると

$$\dfrac{dx}{dy}=\dfrac{d}{dy}(y^6)=6y^5$$

よって，逆関数の微分法から

$$\dfrac{dy}{dx}=\dfrac{1}{\dfrac{dx}{dy}}=\dfrac{1}{\dfrac{d}{dy}(y^6)}=\dfrac{1}{6y^5}=\dfrac{1}{6(\sqrt[6]{x})^5}=\dfrac{1}{6}x^{-\frac{5}{6}}$$

[別解] $y=(x^{\frac{1}{6}})'=\dfrac{1}{6}x^{\frac{1}{6}-1}=\dfrac{1}{6}x^{-\frac{5}{6}}$ ← $(x^n)'=nx^{n-1}$ は，n が有理数でも成り立つ

---

31 三角関数の導関数

68ページの答え

㋐ 2 ㋑ -2

69ページの答え

次の関数を微分せよ。

(1) $y=\cos2x$

$t=2x$ とおくと，$y=\cos2x$ は，$y=\cos t$，$t=2x$ の合成関数だから

$y'=\dfrac{dy}{dx}=(\cos t)'\cdot(2x)'=-\sin t\cdot2$ ← 合成関数の微分 $\dfrac{dy}{dt}\dfrac{dt}{dx}$

$=-2\sin2x$

(2) $y=\sin^2x$

$t=\sin x$ とおくと，$y=\sin^2x$ は，$y=t^2$，$t=\sin x$ の合成関数だから

$y'=(t^2)'\cdot(\sin x)'$ ← 合成関数の微分 $\dfrac{dy}{dt}\dfrac{dt}{dx}$

$=2t\cdot\cos x=2\sin x\cos x$ ← $(\sin x)'=\cos x$

(3) $y=\dfrac{x}{\tan x}$

$y'=\left(\dfrac{x}{\tan x}\right)'=\dfrac{(x)'\tan x-x(\tan x)'}{(\tan x)^2}$ ← $\dfrac{x}{\tan x}=\dfrac{x\cos x}{\sin x}$ で考えてもよい

$=\dfrac{\tan x-x\cdot\dfrac{1}{\cos^2x}}{\tan^2x}=\dfrac{\cos^2x\tan x-x}{\cos^2x\tan^2x}$ ← 分母，分子に $\cos^2x$ を掛ける

$=\dfrac{\sin x\cos x-x}{\sin^2x}$

---

32 対数関数の導関数

70ページの答え

㋐ 3 ㋑ 1

71ページの答え

次の関数を微分せよ。

(1) $y=\log_3(x+1)$

$y=\log_3(x+1)$ のとき，$y=\log_3 t$，$t=x+1$ とおくと，合成関数の微分法から

$$\dfrac{dy}{dx}=\dfrac{dy}{dt}\cdot\dfrac{dt}{dx}=\dfrac{1}{t\log3}\cdot1=\dfrac{1}{(x+1)\log3}$$

← $y=\log_3 t$ を t で微分 ← t を消去 ← $t=x+1$ を x で微分

(2) $y=\log x^4$

$y=\log x^4$ のとき，$y=\log t$，$t=x^4$ とおくと，合成関数の微分法から

$y'=(\log t)'\cdot(x^4)'=\dfrac{1}{t}\cdot4x^3$ ← 実際の計算はもっと簡潔にしてもよい

$=\dfrac{1}{x^4}\cdot4x^3=\dfrac{4}{x}$ ← $\log x^4=4\log x$ と考えてもよい

(3) $y=x^2\log x$

$y=x^2\log x$ のとき，積の微分法から

$y'=(x^2\log x)'=(x^2)'\log x+x^2(\log x)'$

$=2x\log x+x^2\cdot\dfrac{1}{x}=2x\log x+x$

33 対数微分法

72ページの答え

㋐ 11 ㋑ 7

73ページの答え

$y=\dfrac{x^4}{(x+1)^2(x-1)^2}$ を微分をせよ。

$y=\dfrac{x^4}{(x+1)^2(x-1)^2}$ より

$\log y=\log x^4-\log (x+1)^2-\log (x-1)^2$

$\qquad =4\log x-2\log (x+1)-2\log (x-1)$

両辺を x で微分すると $\dfrac{y'}{y}=\dfrac{4}{x}-\dfrac{2}{x+1}-\dfrac{2}{x-1}$

$\qquad\qquad\qquad\qquad =\dfrac{-4}{x(x+1)(x-1)}$

よって $y'=\dfrac{-4}{x(x+1)(x-1)}y$

$\qquad =\dfrac{-4}{x(x+1)(x-1)}\cdot\dfrac{x^4}{(x+1)^2(x-1)^2}$

$\qquad =\dfrac{-4x^3}{(x+1)^3(x-1)^3}$

---

34 指数関数の導関数

74ページの答え

㋐ 3 ㋑ 2 ㋒ e^x

75ページの答え

次の関数を微分せよ。

(1) $y=3^{-x}$

指数関数の導関数の公式と合成関数の導関数から

$(3^{-x})'=-3^{-x}\log 3\cdot(-x)'=-3^{-x}\log 3$

あるいは $\log y=-x\log 3$ だから，x で微分すると

$\dfrac{y'}{y}=-\log 3$

よって $y'=-y\log 3=-3^{-x}\log 3$

(2) $y=e^{x^2}$

合成関数の微分法から

$(e^{x^2})'=e^{x^2}\cdot(x^2)'=2xe^{x^2}$

あるいは $\log y=\log e^{x^2}=x^2$ だから，x で微分すると

$\dfrac{y'}{y}=2x$

よって $y'=2xy=2xe^{x^2}$

(3) $y=e^{-x}\sin x$

積の微分法から

$(e^{-x}\sin x)'=(e^{-x})'\sin x+e^{-x}(\sin x)'$

$\qquad =e^{-x}\cdot(-x)'\sin x+e^{-x}\cos x$

$\qquad =-e^{-x}\sin x+e^{-x}\cos x$

$\qquad =e^{-x}(\cos x-\sin x)$

---

35 第 n 次導関数

76ページの答え

㋐ 3 ㋑ 1

77ページの答え

次の関数の第 n 次導関数を求めよ。

(1) $y=x^{2n}$ （n は正の整数）

$y=x^{2n}$ のとき $y'=2nx^{2n-1}$，$y''=2n(2n-1)x^{2n-2}$，……

よって $y^{(n)}=\overbrace{2n(2n-1)(2n-2)\cdots\cdots(2n-n+1)}^{n\text{ 個の積}}x^{2n-n}$

$\qquad ={}_{2n}\mathrm{P}_n x^n$

(2) $y=\cos x$

$y=\cos x$ のとき $y'=(\cos x)'=-\sin x$，

$\qquad\qquad\qquad y''=(-\sin x)'=-\cos x$，

$\qquad\qquad\qquad y^{(3)}=(-\cos x)'=-(-\sin x)=\sin x$，

$\qquad\qquad\qquad y^{(4)}=(\sin x)'=\cos x$，

$\qquad\qquad\qquad y^{(5)}=(\cos x)'=-\sin x$，……

以上のことから，m を 0 以上の整数として

$n=4m+1$ のとき $y^{(n)}=-\sin x$

$n=4m+2$ のとき $y^{(n)}=-\cos x$

$n=4m+3$ のとき $y^{(n)}=\sin x$

$n=4(m+1)$ のとき $y^{(n)}=\cos x$

あるいは $y^{(n)}=\cos\left(x+\dfrac{n\pi}{2}\right)$

---

36 x と y の入り交じった関数の導関数

78ページの答え

㋐ 4 ㋑ 0

79ページの答え

次の関数の導関数 $\dfrac{dy}{dx}$ を求めよ。

(1) $x^2=y^2+1$

$x^2=y^2+1$ の両辺を x で微分すると

$2x=2y\cdot\dfrac{dy}{dx}$ ← $\dfrac{d}{dx}y^2=\dfrac{dy}{dx}\dfrac{d}{dy}y^2=2yy'$

よって，$y\neq0$ のとき $\dfrac{dy}{dx}=\dfrac{x}{y}$

(2) $x^2-2xy+y^2=1$

関数 $x^2-2xy+y^2=1$ の両辺を x で微分すると

$2x-2y-2x\dfrac{dy}{dx}+2y\dfrac{dy}{dx}=0$

$x-y-\dfrac{dy}{dx}(x-y)=0$

もとの式で，$x=y$ とすると $0=1$ だから $x-y\neq0$

よって $\dfrac{dy}{dx}=1$

37 媒介変数表示された関数の導関数

本文 80・81 ページ

80ページの答え

㋐ 1　㋑ −4

81ページの答え

曲線の媒介変数表示が次の式で与えられているとき，$\dfrac{dy}{dx}$ を t の式で表せ。

(1) $x=t^2$, $y=2t^3-t$

$$\frac{dx}{dt}=\frac{d}{dt}(t^2)=2t, \quad \frac{dy}{dt}=\frac{d}{dt}(2t^3-t)=6t^2-1$$

よって　$\dfrac{dy}{dx}=\dfrac{6t^2-1}{2t}$

(2) $x=\sin^2 t$, $y=2\cos t$

$$\frac{dx}{dt}=\frac{d}{dt}(\sin^2 t)=(2\sin t)(\sin t)'=2\sin t\cos t$$

$$\frac{dy}{dt}=\frac{d}{dt}(2\cos t)=-2\sin t$$

よって　$\dfrac{dy}{dx}=\dfrac{-2\sin t}{2\sin t\cos t}=-\dfrac{1}{\cos t}$

---

38 接線の方程式

本文 84・85 ページ

84ページの答え

㋐ 2　㋑ $-\dfrac{3}{4}$　㋒ 25

85ページの答え

次のそれぞれの曲線の接線の方程式を求めよ。

(1) 曲線 $y=x\log x$ 上の点 $(e,\ e)$ における接線の方程式
関数 $y=x\log x$ を微分すると

$$y'=(x)'\log x+x(\log x)' \quad \leftarrow \{f(x)g(x)\}'=f'(x)g(x)+f(x)g(x)'$$

$$=\log x+x\cdot\frac{1}{x}=\log x+1$$

$x=e$ のとき　$y'=2$　$\leftarrow \log e+1=2$
したがって，点 $(e,\ e)$ における接線の方程式は　$y-e=2(x-e)$
すなわち　$y=2x-e$

(2) 曲線 $9x^2+16y^2=25$ 上の点 $(1,1)$ における接線の方程式
$9x^2+16y^2=25$ の両辺を x で微分すると

$$18x+32yy'=0 \quad \leftarrow \frac{d}{dx}9x^2=18x,\ \frac{d}{dx}16y^2=\frac{dy}{dx}\frac{d}{dy}16y^2=y'\cdot 32y$$

$y\neq 0$ のとき　$y'=-\dfrac{18x}{32y}=-\dfrac{9}{16}\cdot\dfrac{x}{y}$

$x=1$, $y=1$ のとき，接線の傾きは　$-\dfrac{9}{16}$

よって，点 $(1,\ 1)$ における接線の方程式は

$$y-1=-\frac{9}{16}(x-1) \quad \leftarrow 16y-16=-9x+9$$

整理すると　$9x+16y=25$　$\leftarrow$ 楕円 $ax^2+by^2=c$ の曲上の点 $(x_1,\ y_1)$ における接線の方程式は $ax_1x+by_1y=c$

---

39 平均値の定理

本文 86・87 ページ

86ページの答え

㋐ 2　㋑ 1　㋒ e^x　㋓ e^c

87ページの答え

$f(x)=x^2+3x+2$ について，区間 $[-1,\ 2]$ で，平均値の定理を満たす定数 c の値を求めよ。

関数 $f(x)=x^2+3x+2$ は，区間 $[-1,\ 2]$ で連続，区間 $(-1,\ 2)$ で微分可能であり

$$f'(x)=2x+3$$

区間 $[-1,\ 2]$ に平均値の定理を用いると

$$\frac{f(2)-f(-1)}{2-(-1)}=f'(c),\ -1<c<2 \quad \leftarrow \frac{f(b)-f(a)}{b-a}=f'(c)$$

一方　$\dfrac{f(2)-f(-1)}{2-(-1)}=\dfrac{12-0}{2-(-1)}=4$

$$f'(c)=2c+3 \quad \leftarrow 平均値の定理を具体的に適用する$$

だから　$2c+3=4$　よって　$c=\dfrac{1}{2}$

---

40 関数の増減と極値

本文 88・89 ページ

88ページの答え

㋐ 1

89ページの答え

増減表をつくって，関数 $f(x)=xe^{-2x}$ $(x\geqq 0)$ の極値を求めよ。

関数 $f(x)=xe^{-2x}$ について

$$f'(x)=(x)'e^{-2x}+x(e^{-2x})' \quad \leftarrow (e^{-2x})' には合成関数の微分法を用いる$$

$$=e^{-2x}+x\cdot(-2)e^{-2x} \quad \leftarrow (e^{-2x})'=(-2x)'\cdot e^{-2x}$$

$$=(1-2x)e^{-2x}$$

$e^{-2x}>0$ だから，$f'(x)=0$ のとき

$x=\dfrac{1}{2}$

よって，$f(x)$ の増減表は右のようであり

x	0	$\cdots$	$\dfrac{1}{2}$	$\cdots$
$f'(x)$		$+$	0	$-$
$f(x)$	0	↗	極大	↘

$f(x)$ は $x=\dfrac{1}{2}$ で極大となる。このときの極大値は

$$f\left(\frac{1}{2}\right)=\frac{1}{2}\cdot e^{-1}=\frac{1}{2e}$$

41 関数の最大・最小

⑦2 ⑦0

91ページの答え

$0 \leqq x \leqq \pi$ における関数 $f(x) = \cos^3 x + \sin^3 x$ の最大値と最小値を求めよ。

$f(x) = \cos^3 x + \sin^3 x$ について

$f'(x) = 3\cos^2 x \cdot (\cos x)' + 3\sin^2 x \cdot (\sin x)'$ ← $\cos^3 x$ は、$u = t^3$, $t = \cos x$ の合成関数

$= -3\sin x \cos^2 x + 3\sin^2 x \cos x$

$= -3\sin x \cos x (\cos x - \sin x)$

$0 \leqq x \leqq \pi$ において, $f'(x) = 0$ となるときの x の値は 0, $\dfrac{\pi}{4}$, $\dfrac{\pi}{2}$, π

であり $f(0) = 1$, $f\left(\dfrac{\pi}{4}\right) = \dfrac{\sqrt{2}}{2}$, $f\left(\dfrac{\pi}{2}\right) = 1$, $f(\pi) = -1$

したがって, 増減表は次のようになる。

x	0	……	$\dfrac{\pi}{4}$	……	$\dfrac{\pi}{2}$	……	π
$f'(x)$	0	$-$	0	$+$	0	$-$	0
$f(x)$	1	↘	極小 $\dfrac{\sqrt{2}}{2}$	↗	極大 1	↘	-1

よって, $f(x)$ は $0 \leqq x \leqq \pi$ において

$x = 0$, $\dfrac{\pi}{2}$ で 最大値 1, $x = \pi$ で 最小値 -1

をとる。

42 曲線の凹凸と変曲点

⑦6 ⑦3 ⑦6 ㋓1

93ページの答え

関数 $y = x^4 - 4x^3$ の増減とグラフの凹凸を調べて表にまとめよ。

$y = x^4 - 4x^3$ について

$y' = 4x^3 - 12x^2$

$= 4x^2(x-3)$

$y'' = (4x^3 - 12x^2)'$

$= 12x^2 - 24x$

$= 12x(x-2)$

だから

$y' = 0$ となる x の値は

$x = 0$, 3

$y'' = 0$ となる x の値は

$x = 0$, 2

x	…	0	…	2	…	3	…
y'	$-$	0	$-$	$-$	$-$	0	$+$
y''	$+$	0	$-$	0	$+$	$+$	$+$
y	↘	変曲点	↘	変曲点	↘	極小	↗

よって, y' と y'' の符号を調べて表にまとめると, 上のようになる。

43 グラフのかき方

⑦1 ⑦2

95ページの答え

関数 $y = xe^x$ のグラフを, 増減や凹凸を調べてかけ。

関数 $y = xe^x$ について

$y' = e^x + xe^x = (1+x)e^x$

$y'' = (e^x + xe^x)' = (e^x)' + (xe^x)'$

$= e^x + (1+x)e^x = (2+x)e^x$

よって, $x = -1$ のとき $y' = 0$ で $y = -e^{-1}$

$x = -2$ のとき $y'' = 0$ で $y = -2e^{-2}$

したがって, 関数 $y = xe^x$ の増減や
グラフの凹凸は右の表のようになる。

また $\displaystyle\lim_{x \to \infty} xe^x = \infty$

$\displaystyle\lim_{x \to -\infty} xe^x = \lim_{x \to \infty} (-xe^{-x})$

$= -\lim_{x \to \infty} \dfrac{x}{e^x} = 0$

x	…	-2	…	-1	…
y'	$-$	$-$	$-$	0	$+$
y''	$-$	0	$+$	$+$	$+$
y	↘	変曲点 $-2e^{-2}$	↘	極小 $-e^{-1}$	↗

であるから, x 軸はこの曲線の漸近線である。

よって, $y = xe^x$ のグラフは右のようになる。

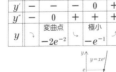

44 不等式への応用

⑦0 ⑦1 ⑦1

97ページの答え

$x > 0$ のとき, $x > \log(1+x)$ が成り立つことを示せ。

$f(x) = x - \log(1+x)$ とおくと ← $x > 0$ で, $f(x) > 0$ を示すことが目標

$f'(x) = 1 - \dfrac{1}{1+x} = \dfrac{1+x-1}{1+x} = \dfrac{x}{1+x}$

$x > 0$ のとき, $f'(x) > 0$ だから, $f(x)$ は $x > 0$ で単調に増加する。

さらに, $f(0) = 0$ だから, ← $f(0) = 0 - \log 1 = 0$

$x > 0$ のとき $f(x) > 0$ ← このようなときは, 増減表はかかなくてもよい。もし, かくなら右のようになる。

したがって

$x > 0$ のとき $x > \log(1+x)$

x	0	……
$f'(x)$		$+$
$f(x)$	0	↗

45 速度と加速度

本文 98・99 ページ

98ページの答え

⑦ 4.9　④ 9.8

99ページの答え

x 軸上を移動する点Pのある時刻 t における座標が

$$x=2t-t^2$$

で表されるとき，$t=10$ における点Pの位置と，そのときの速度 v と加速度 α を求めよ。

$x=2t-t^2$ だから

$$v=\frac{dx}{dt}=2-2t$$

$$\alpha=\frac{d^2x}{dt^2}=\frac{dv}{dt}=(2-2t)'=-2$$

したがって，$t=10$ のとき

$$x=2\cdot10-10^2=-80$$

$$v=2-2\cdot10=-18$$

$$\alpha=-2$$

---

46 積分する ⟺ 微分する

本文 102・103 ページ

102ページの答え

⑦ 1　④ $\dfrac{1}{2}$

103ページの答え

次の関数の不定積分を求めよ。

(1) $\displaystyle\int x^n(x+1)\,dx=\int (x^{n+1}+x^n)\,dx$　← 展開した

$$=\int x^{n+1}dx+\int x^n dx$$

$$=\frac{1}{n+1+1}x^{n+1+1}+\frac{1}{n+1}x^{n+1}+C$$

$$=\frac{1}{n+2}x^{n+2}+\frac{1}{n+1}x^{n+1}+C$$

(2) $\displaystyle\int (x+1)\left(\frac{1}{x}+1\right)dx=\int\left(x+2+\frac{1}{x}\right)dx$　← 展開した

$$=\int x\,dx+2\int dx+\int\frac{1}{x}dx$$

$$=\frac{1}{2}x^2+2x+\log|x|+C$$

---

47 導関数の公式を利用した積分法

本文 104・105 ページ

104ページの答え

 ⑦ 3　④ 2　⑰ $\tan x$

105ページの答え

次の不定積分を求めよ。

(1) $\displaystyle\int (\cos x-\sin x)\,dx=\int\cos x\,dx-\int\sin x\,dx$　← $\int\sin x\,dx=-\cos x+C$

$$=\sin x-(-\cos x)+C$$

$$=\sin x+\cos x+C$$

(2) $\displaystyle\int (3^x-2e^x)\,dx=\int 3^x dx-\int 2e^x dx$　← $\int a^x dx=\dfrac{a^x}{\log a}+C,\ \int e^x dx=e^x+C$

$$=\frac{3^x}{\log 3}-2e^x+C$$

(3) $\displaystyle\int\left(\frac{1}{\cos^2 x}+\frac{1}{\sin^2 x}\right)dx$

$$=\int\frac{1}{\cos^2 x}dx+\int\frac{1}{\sin^2 x}dx$$　← $\int\dfrac{1}{\cos^2 x}dx=\tan x+C,\ \int\dfrac{1}{\sin^2 x}dx=-\dfrac{1}{\tan x}+C$

$$=\tan x-\frac{1}{\tan x}+C$$

(4) $\displaystyle\int\frac{e^x-e^{2x}}{2e^x}dx=\frac{1}{2}\int dx-\frac{1}{2}\int e^x dx$　← $\dfrac{e^x-e^{2x}}{2e^x}=\dfrac{e^x}{2e^x}-\dfrac{e^{2x}}{2e^x}=\dfrac{1}{2}-\dfrac{e^x}{2}$

$$=\frac{1}{2}x-\frac{1}{2}e^x+C$$

---

48 $f(ax+b)$ の不定積分

本文 106・107 ページ

106ページの答え

 ⑦ 2　④ 3　⑰ $\dfrac{1}{2}$　⑤ $\dfrac{1}{4}$

107ページの答え

次の不定積分を求めよ。

(1) $\displaystyle\int (5x+3)^2 dx=\frac{1}{5}\cdot\frac{1}{2+1}\cdot(5x+3)^{2+1}+C$　← $\int f(ax+b)\,dx=\dfrac{1}{a}F(ax+b)+C$

$$=\frac{1}{15}(5x+3)^3+C$$

(2) $\displaystyle\int\sin(3\theta+1)\,d\theta=\frac{1}{3}\{-\cos(3\theta+1)\}+C$　← $\int\sin x\,dx=-\cos x+C$

$$=-\frac{1}{3}\cos(3\theta+1)+C$$

(3) $\displaystyle\int e^{-2x-1}dx=-\frac{1}{2}\cdot e^{-2x-1}+C$　← $\int e^x dx=e^x+C$

(4) $\displaystyle\int\frac{1}{(2x+1)^2}dx=\int (2x+1)^{-2}dx$　← $\int(ax+b)^n dx=\dfrac{1}{a}\cdot\dfrac{1}{n+1}\cdot(ax+b)^{n+1}+C$

$$=\frac{1}{2}\cdot\frac{1}{-2+1}\cdot(2x+1)^{-2+1}+C$$

$$=-\frac{1}{2}(2x+1)^{-1}=-\frac{1}{2}\frac{1}{(2x+1)}+C$$

49 置き換えて積分する

108ページの答え

$\mathⓐ\ \dfrac{1}{4}$　$\mathⓘ\ \dfrac{1}{3}$　$\mathⓦ\ \dfrac{1}{4}$

109ページの答え

次の不定積分を，置換積分法で求めよ。

(1) $\int \sin x \cos x\, dx$

$t = \sin x$ とおくと

$$\dfrac{dt}{dx} = (\sin x)' = \cos x \ \text{より} \ \cos x\, dx = dt$$

よって $\displaystyle\int \sin x \cos x\, dx = \int t\, dt = \dfrac{1}{2}t^2 + C = \dfrac{1}{2}\sin^2 x + C$

(2) $\int x\sqrt{x^2+2}\, dx$

$t = \sqrt{x^2+2}$ とおくと $t^2 = x^2 + 2$

$2t\dfrac{dt}{dx} = 2x$ より $t\, dt = x\, dx$

よって $\displaystyle\int x\sqrt{x^2+2}\, dx = \int t\cdot t\, dt = \dfrac{1}{3}t^3 + C$

$$= \dfrac{1}{3}(x^2+2)\sqrt{x^2+2} + C$$

(3) $\int \tan x\, dx = \displaystyle\int \dfrac{\sin x}{\cos x}\, dx$

$$= -\int \dfrac{(\cos x)'}{\cos x}\, dx \ \leftarrow \sin x = (-\cos x)'$$

$$= -\log|\cos x| + C$$

50 部分積分法

110ページの答え

$\mathⓐ\ \sin x$　$\mathⓘ\ x$

111ページの答え

次の不定積分を求めよ。

(1) $\int x^2 e^x\, dx$

$f(x) = x^2,\ g'(x) = e^x,\ g(x) = e^x$ とみると

$\displaystyle\int x^2(e^x)'\, dx = x^2 e^x - \int (x^2)' e^x\, dx \ \leftarrow (x^2)' = 2x$

$$= x^2 e^x - 2\int x e^x\, dx \ \leftarrow \text{もう一度, 部分積分法を行う}$$

ここで，$\displaystyle\int x e^x\, dx = x e^x - \int (x)' e^x\, dx = x e^x - e^x + C$ だから

$\displaystyle\int x^2(e^x)'\, dx = x^2 e^x - 2(x e^x - e^x + C)$

$$= x^2 e^x - 2x e^x + 2e^x + C'$$

(2) $\displaystyle\int x\log x\, dx = \int \left(\dfrac{1}{2}x^2\right)'\log x\, dx$

$$= \dfrac{1}{2}x^2\log x - \dfrac{1}{2}\int x^2(\log x)'\, dx$$

$$= \dfrac{1}{2}x^2\log x - \dfrac{1}{2}\int x\, dx \ \leftarrow \textstyle\int x^2(\log x)'\, dx = \int x^2\cdot\frac{1}{x}\, dx = \int x\, dx$$

$$= \dfrac{1}{2}x^2\log x - \dfrac{1}{4}x^2 + C$$

51 いろいろな関数の不定積分

112ページの答え

$\mathⓐ\ \dfrac{3}{2}$　$\mathⓘ\ 2$　$\mathⓦ\ 2$

113ページの答え

次の不定積分を求めよ。

(1) $\int \dfrac{x^3+1}{x-1}\, dx$ において

$x^3 + 1$ を $x - 1$ で割ると，商は $x^2 + x + 1$ で，余りは 2 だから

$$\dfrac{x^3+1}{x-1} = x^2 + x + 1 + \dfrac{2}{x-1}$$

したがって $\displaystyle\int \dfrac{x^3+1}{x-1}\, dx = \int \left(x^2 + x + 1 + \dfrac{2}{x-1}\right) dx$

$$= \dfrac{1}{3}x^3 + \dfrac{1}{2}x^2 + x + 2\log|x-1| + C$$

(2) $\int \dfrac{2}{(x-1)(x-3)}\, dx$ において

$$\dfrac{2}{(x-1)(x-3)} = \dfrac{1}{x-3} - \dfrac{1}{x-1} \ \text{だから}$$

$\displaystyle\int \dfrac{2}{(x-1)(x-3)}\, dx = \int \left(\dfrac{1}{x-3} - \dfrac{1}{x-1}\right) dx$

$$= \log|x-3| - \log|x-1| + C$$

$$= \log\left|\dfrac{x-3}{x-1}\right| + C$$

52 三角関数の不定積分

114ページの答え

$\mathⓐ\ 2$　$\mathⓘ\ 3$　$\mathⓦ\ 6$

115ページの答え

次の不定積分を求めよ。

(1) $\int \sin x \cos x\, dx$

$\sin x \cos x = \dfrac{1}{2}\sin 2x$ だから

$$\int \sin x \cos x\, dx = \dfrac{1}{2}\int \sin 2x\, dx$$

$$= \dfrac{1}{2}\cdot\left\{\dfrac{1}{2}(-\cos 2x)\right\} + C = -\dfrac{1}{4}\cos 2x + C$$

(2) $\int \cos 3x \cos x\, dx$

$\cos 3x \cos x = \dfrac{1}{2}\{\cos(3x+x) + \cos(3x-x)\}$

$$= \dfrac{1}{2}(\cos 4x + \cos 2x)$$

だから $\displaystyle\int \cos 3x \cos x\, dx = \dfrac{1}{2}\int (\cos 4x + \cos 2x)\, dx$

$$= \dfrac{1}{2}\left(\dfrac{1}{4}\sin 4x + \dfrac{1}{2}\sin 2x\right) + C$$

$$= \dfrac{1}{8}\sin 4x + \dfrac{1}{4}\sin 2x + C$$

53 定積分

㋐ $\dfrac{52}{3}$　㋑ $\dfrac{1}{4}$　㋒ $\dfrac{85}{4}$

117ページの答え

次の定積分を求めよ。

(1) $\displaystyle\int_0^2 \dfrac{x+2}{x+1}dx = \int_0^2\left(1+\dfrac{1}{x+1}\right)dx$ ← $\dfrac{x+2}{x+1}=\dfrac{x+1+1}{x+1}$

$= \Big[x+\log|x+1|\Big]_0^2 = 2+\log 3$

(2) $\displaystyle\int_0^{\frac{\pi}{2}}\sin 4\theta\cos 2\theta\,d\theta$ ← $\sin\alpha\cos\beta=\dfrac{1}{2}\{\sin(\alpha+\beta)+\sin(\alpha-\beta)\}$

$= \dfrac{1}{2}\displaystyle\int_0^{\frac{\pi}{2}}(\sin 6\theta+\sin 2\theta)\,d\theta$ ← $\sin 4\theta\cos 2\theta=\dfrac{1}{2}(\sin 6\theta+\sin 2\theta)$

$= \dfrac{1}{2}\Big[-\dfrac{1}{6}\cos 6\theta-\dfrac{1}{2}\cos 2\theta\Big]_0^{\frac{\pi}{2}}$ ← $\displaystyle\int f(ax+b)\,dx=\dfrac{1}{a}F(ax+b)+C$

$= \dfrac{1}{2}\left\{\left(\dfrac{1}{6}+\dfrac{1}{2}\right)-\left(-\dfrac{1}{6}-\dfrac{1}{2}\right)\right\}=\dfrac{2}{3}$

(3) $\displaystyle\int_{-1}^1(e^{2x}+e^{-2x})dx = \Big[\dfrac{1}{2}e^{2x}-\dfrac{1}{2}e^{-2x}\Big]_{-1}^1$ ← $=\dfrac{1}{2}\Big[e^{2x}-e^{-2x}\Big]_{-1}^1$

$= \dfrac{1}{2}\{(e^2-e^{-2})-(e^{-2}-e^2)\}$

$= e^2-e^{-2}$

54 定積分の置換積分法

㋐ $\cos\theta$　㋑ 2　㋒ $\dfrac{1}{4}$

119ページの答え

定積分 $\displaystyle\int_0^2\sqrt{4-x^2}\,dx$ を，$x=2\sin\theta$ と置き換えて求めよ。

$x=2\sin\theta$ とおくと

$\sqrt{4-x^2}=\sqrt{4-4\sin^2\theta}=2|\cos\theta|$

積分区間である $0\leqq\theta\leqq\dfrac{\pi}{2}$ の範囲で $\cos\theta\geqq0$ だから

$\sqrt{4-x^2}=2\cos\theta$

$x=2\sin\theta$ の両辺を θ で微分すると

$\dfrac{dx}{d\theta}=2\cos\theta$ より　$dx=2\cos\theta\,d\theta$

x	$0 \longrightarrow 2$
θ	$0 \longrightarrow \dfrac{\pi}{2}$

よって $\displaystyle\int_0^2\sqrt{4-x^2}\,dx$

$= \displaystyle\int_0^{\frac{\pi}{2}}2\cos\theta\,(2\cos\theta)\,d\theta$ ← $\cos^2\theta=\dfrac{1+\cos 2\theta}{2}$

$= \displaystyle\int_0^{\frac{\pi}{2}}2(1+\cos 2\theta)\,d\theta$ ← $\displaystyle\int 2\cos 2\theta\,d\theta=\dfrac{2}{2}\sin 2\theta+C$

$= \Big[2\theta+\sin 2\theta\Big]_0^{\frac{\pi}{2}}$

$= \pi$

55 定積分の部分積分法

㋐ 1　㋑ 0　㋒ π　㋓ e^2　㋔ $\dfrac{e^2}{4}$

121ページの答え

次の定積分を求めよ。

(1) $\displaystyle\int_0^1 xe^{-x}dx=\int_0^1 x(-e^{-x})'dx$

$= \Big[x(-e^{-x})\Big]_0^1-\displaystyle\int_0^1(x)'(-e^{-x})\,dx$

$= (-e^{-1})+\displaystyle\int_0^1 e^{-x}dx=-e^{-1}-\Big[e^{-x}\Big]_0^1$

$= -e^{-1}-(e^{-1}-1)=1-\dfrac{2}{e}$

(2) $\displaystyle\int_0^\pi x\cos x\,dx=\int_0^\pi x(\sin x)'dx$

$= \Big[x\sin x\Big]_0^\pi-\displaystyle\int_0^\pi(x)'\sin x\,dx$

$= 0-\displaystyle\int_0^\pi\sin x\,dx$ ← $-\displaystyle\int\sin x\,dx=\int(-\sin x)\,dx=\cos x+C$

$= \Big[\cos x\Big]_0^\pi=-1-1=-2$

56 偶関数と奇関数の定積分

㋐ 32　㋑ 84

123ページの答え

次の定積分を求めよ。

(1) $\displaystyle\int_{-1}^1(x^4-2x^3+3x^2-4x+5)\,dx$

$= 2\displaystyle\int_0^1(x^4+3x^2+5)\,dx$

$= 2\Big[\dfrac{1}{5}x^5+x^3+5x\Big]_0^1$

$= 2\left(\dfrac{1}{5}+1+5-0\right)=\dfrac{62}{5}$

(2) $\displaystyle\int_{-\frac{\pi}{2}}^{\frac{\pi}{2}}(\sin\theta+2\cos\theta+3\sin 2\theta+4\cos 2\theta)\,d\theta$ において

$\sin(-\theta)=-\sin\theta,\ \cos(-\theta)=\cos\theta$ であることから

$\begin{cases}\sin\theta\ と\ 3\sin 2\theta\ は奇関数 & ←\ \sin(-a\theta)=-\sin a\theta \\ 2\cos\theta\ と\ 4\cos 2\theta\ は偶関数 & ←\ \cos(-a\theta)=\cos a\theta\end{cases}$

である。したがって

$\displaystyle\int_{-\frac{\pi}{2}}^{\frac{\pi}{2}}(\sin\theta+2\cos\theta+3\sin 2\theta+4\cos 2\theta)\,d\theta$

$= 2\displaystyle\int_0^{\frac{\pi}{2}}(2\cos\theta+4\cos 2\theta)\,d\theta$

$= 2\Big[2\sin\theta+2\sin 2\theta\Big]_0^{\frac{\pi}{2}}$

$= 2\{(2+0)-0\}=4$

15

57 定積分で表された関数

本文 124・125 ページ

124ページの答え

㋐ 2 ㋑ 3 ㋒ 2

125ページの答え

次の関数 $G(x)$ について，$G(x)$ と $G'(x)$ を求めよ。ただし，a は定数である。

$G(x)=\int_a^x t(t+x)dt$

$G(x)=\int_a^x t\,(t+x)\,dt=\int_a^x (t^2+xt)\,dt=\int_a^x t^2dt+x\int_a^x tdt$

このとき $\left(\int_a^x t^2dt\right)'=x^2$

$\left(x\int_a^x tdt\right)'=(x)'\int_a^x tdt+x\left(\int_a^x tdt\right)'$ ← 積の導関数 $(xF(x))'=F(x)+xF(x)$

$=\frac{1}{2}\Big[t^2\Big]_a^x+x\cdot x$

$=\frac{3}{2}x^2-\frac{1}{2}a^2$ ← $\frac{1}{2}(x^2-a^2)+x^2$

よって $G(x)=x^2+\left(\frac{3}{2}x^2-\frac{1}{2}a^2\right)$

$=\frac{1}{2}(5x^2-a^2)$

$G'(x)=\frac{1}{2}(5x^2-a^2)'$

$=5x$

58 区分求積法

本文 126・127 ページ

126ページの答え

㋐ 1 ㋑ 3 ㋒ n ㋓ 2

127ページの答え

$\displaystyle\lim_{n\to\infty}\frac{1}{n^4}(1^3+2^3+3^3+\cdots+n^3)$ の値を求めよ。

$\displaystyle\lim_{n\to\infty}\frac{1}{n^4}(1^3+2^3+3^3+\cdots+n^3)$

$\displaystyle=\lim_{n\to\infty}\frac{1}{n}\left\{\left(\frac{1}{n^3}\right)+\left(\frac{2^3}{n^3}\right)+\left(\frac{3^3}{n^3}\right)+\cdots+\left(\frac{n^3}{n^3}\right)\right\}$

$\displaystyle=\lim_{n\to\infty}\frac{1}{n}\left\{\left(\frac{1}{n}\right)^3+\left(\frac{2}{n}\right)^3+\left(\frac{3}{n}\right)^3+\cdots+\left(\frac{n}{n}\right)^3\right\}$

$\displaystyle=\lim_{n\to\infty}\frac{1}{n}\sum_{k=1}^{n}\left(\frac{k}{n}\right)^3$

だから，$f(x)=x^3$ とおくと

$\displaystyle\lim_{n\to\infty}\frac{1}{n^4}(1^3+2^3+3^3+\cdots+n^3)=\int_0^1 x^3dx=\left[\frac{1}{4}x^4\right]_0^1=\frac{1}{4}$

59 定積分と不等式

本文 128・129 ページ

128ページの答え

㋐ $x+1$ ㋑ 2

129ページの答え

次の問いに答えよ。

(1) $0\leqq x\leqq 1$ のとき，$\dfrac{1}{1+x^2}\geqq\dfrac{1}{1+x}$ を示せ。 ← 不等式の証明は差をとる

$\dfrac{1}{1+x^2}-\dfrac{1}{x+1}=\dfrac{1+x-(1+x^2)}{(1+x^2)(1+x)}$

$=\dfrac{x-x^2}{(1+x^2)(1+x)}=\dfrac{x(1-x)}{(1+x^2)(1+x)}$

$0\leqq x\leqq 1$ の範囲では $x\geqq 0$ かつ $1-x\geqq 0$ だから $x(1-x)\geqq 0$

さらに，$1+x^2>0$ かつ $1+x>0$ だから $(1+x^2)(1+x)>0$

よって $\dfrac{x(1-x)}{(1+x^2)(1+x)}\geqq 0$ すなわち $\dfrac{1}{1+x^2}\geqq\dfrac{1}{1+x}$

(2) (1)の結果を用いて $\displaystyle\int_0^1\frac{dx}{1+x^2}>\log 2$ を示せ。

(1)で示した不等式で等号が成り立つのは，$x=0$ と $x=1$ のときだけだから

$\displaystyle\int_0^1\frac{dx}{1+x^2}>\int_0^1\frac{dx}{1+x}$

ここで $\displaystyle\int_0^1\frac{dx}{1+x}=\Big[\log(1+x)\Big]_0^1=\log 2$

よって $\displaystyle\int_0^1\frac{dx}{1+x^2}>\log 2$

60 面積

本文 130・131 ページ

130ページの答え

㋐ 2 ㋑ 2 ㋒ 2 ㋓ 2 ㋔ 7

131ページの答え

曲線 $y=2\sin x\ (0\leqq x\leqq\pi)$ と直線 $y=1$ で囲まれた部分の面積を求めよ。

$2\sin x=1\ (0\leqq x\leqq\pi)$ を解くと

$\sin x=\dfrac{1}{2}$ より $x=\dfrac{\pi}{6},\ \dfrac{5}{6}\pi$

したがって，曲線 $y=2\sin x\ (0\leqq x\leqq\pi)$
と直線 $y=1$ で囲まれた部分は，右の図の斜線
部分であり，その面積 S は

$S=\displaystyle\int_{\frac{\pi}{6}}^{\frac{5\pi}{6}}(2\sin x-1)\,dx$ ← 積分区間 $a\leqq x\leqq b$ で，$f(x)\geqq g(x)$ であって，$f(a)=g(a)$，$f(b)=g(b)$ であるとき，$S=\int_a^b\{f(x)-g(x)\}dx$

$=\Big[2(-\cos x)-x\Big]_{\frac{\pi}{6}}^{\frac{5\pi}{6}}$

$=\left\{\left(\sqrt{3}-\dfrac{5}{6}\pi\right)-\left(-\sqrt{3}-\dfrac{\pi}{6}\right)\right\}$

$=2\sqrt{3}-\dfrac{2}{3}\pi$

61 曲線 $x=f(y)$ と面積

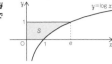

132ページの答え

⑦ -2　④ 125　⑤ 6

133ページの答え

右の図の図形 S は，曲線 $y=\log x$ と x 軸，y 軸および直線 $y=1$ で囲まれた図形を表したものである。図形 S の面積を求めよ。

$$y=\log x \Longrightarrow x=e^y$$

だから，求める面積 S は

$$S=\int_0^1 e^y dy=\Big[e^y\Big]_0^1=e-1$$

［別解］（x で積分した場合）

図形 S は，縦の長さが 1，横の長さが e の長方形から曲線 $y=\log x$ と x 軸，直線 $x=e$ で囲まれた部分を除いたものである。　← $y=1$ のとき，$x=e$

だから　$S=1\cdot e-\int_1^e \log x dx$

ここで　$\int_1^e \log x dx=\int_1^e (x)' \log x dx$

$$=\Big[x\log x\Big]_1^e-\int_1^e x\cdot\frac{1}{x}dx$$

$$=e-\Big[x\Big]_1^e=1$$

よって　$S=e-1$

---

62 体積

134ページの答え

⑦ $\dfrac{1}{3}$　④ $\dfrac{1}{3}$

135ページの答え

右の図を参考に，底面の半径が r，高さが h の直円錐の体積を，定積分の考え方で求めよ。ただし，点 H は円錐の頂点 O から底面に引いた垂線と底面との交点であり，点 A は底面の円周上の点である。

点 O から距離 x にある垂線 OH 上の点 X(x) を通って，垂線 OH に垂直な平面で円錐を切ったときの切り口は円である。

垂線 OH を含む平面でこの円錐を切ったときの断面は，右の図のようであり，円錐の母線と切断面の平面との交点を P とおくと

△OXP∽△OHA より　OX：OH$=x:h$

円錐の底面積は πr^2 だから，円錐を点 X を通り，底面に平行な平面で切ったときの断面積を $S(x)$ とすると

$$S(x):\pi r^2=x^2:h^2$$

よって　$S(x)=\dfrac{\pi r^2}{h^2}x^2$

x は 0 から h まで変化するので，求める円錐の体積は

$$\int_0^h S(x)\,dx=\int_0^h \frac{\pi r^2}{h^2}x^2 dx=\frac{\pi r^2}{h^2}\int_0^h x^2 dx$$

$$=\frac{\pi r^2}{h^2}\Big[\frac{1}{3}x^3\Big]_0^h=\frac{1}{3}\pi r^2 h \quad ← \frac{1}{3}\times(底面積)\times(高さ)$$

---

63 回転体の体積

136ページの答え

⑦ 2　④ $\dfrac{4}{3}$

137ページの答え

曲線 $y=\sqrt{x}$ と直線 $y=x$ で囲まれた部分を，x 軸の周りに 1 回転させてできる回転体の体積を求めよ。

曲線 $y=\sqrt{x}$ と直線 $y=x$ の 2 つのグラフが囲む部分は，右の図のようになる。

また，曲線 $y=\sqrt{x}$ と直線 $y=x$ の共有点の x 座標は

$$\sqrt{x}=x \quad より \quad x=0, 1$$

である。

したがって，この図形を x 軸の周りに回転させたときにできる回転体は，曲線 $y=\sqrt{x}$（$0\leqq x\leqq 1$）の回転体から，底面の半径が 1，高さが 1 の円錐を除いた立体となるから，求める体積を V とすると

$$V=\int_0^1 \pi (\sqrt{x})^2 dx-\frac{1}{3}\cdot(\pi\cdot1^2)\cdot1 \quad ← \begin{array}{l}曲線 y=\sqrt{x}（0\leqq x\leqq1）の回転体の\\断面積 S(x) は S(x)=\pi(\sqrt{x})^2\end{array}$$

$$=\pi\int_0^1 x dx-\frac{\pi}{3}$$

$$=\pi\Big[\frac{1}{2}x^2\Big]_0^1-\frac{\pi}{3}=\frac{1}{6}\pi$$

---

64 速度, 位置, 道のり

138ページの答え

⑦ $\dfrac{50}{3}$　④ $\dfrac{58}{3}$

139ページの答え

原点を時刻 $t=0$ に出発した数直線上を移動する点 P の速度が $v=t^2-4t$ で表されるとき，$t=6$ における点 P の位置と，$t=0$ から $t=6$ までに移動した点 P の道のりを求めよ。

点 P が時刻 t のときの位置を $f(t)$ とおくと，時刻 $t=0$ に原点を出発したから，6 秒後の点 P の位置 $f(6)$ は

$$f(6)=\int_0^6 (t^2-4t)\,dt \quad ← f(0)+\int_0^t v dt$$

$$=\Big[\frac{1}{3}t^3-4\cdot\frac{1}{2}t^2\Big]_0^6=72-72=0$$

また，点 P が時刻 $t=0$ から $t=6$ までに移動した道のりは

$$\int_0^6 |v|\,dt=\int_0^6 |t^2-4t|\,dt$$

ここで，$v=|t^2-4t|$ としたときのグラフは上の図のようだから

$$\int_0^6 |v|\,dt=\int_0^4 (-t^2+4t)\,dt+\int_4^6 (t^2-4t)\,dt$$

$$=\Big[-\frac{1}{3}t^3+2t^2\Big]_0^4+\Big[\frac{1}{3}t^3-2t^2\Big]_4^6$$

$$=\Big(-\frac{64}{3}+32\Big)-0+(72-72)-\Big(\frac{64}{3}-32\Big)$$

$$=\frac{192-128}{3}=\frac{64}{3}$$

65 曲線の長さ

本文 140・141 ページ

140 ページの答え

⑦4 ④4 ⑦4 ⑪4

141 ページの答え

$x=\cos^3 t,\ y=\sin^3 t\left(0\leqq t\leqq\dfrac{\pi}{2}\right)$ で表される曲線の長さ L を求めよ。

曲線 $x=\cos^3 t,\ y=\sin^3 t$ において

$$\frac{dx}{dt}=-3\cos^2 t\sin t,\quad \frac{dy}{dt}=3\sin^2 t\cos t$$

よって

$$\left(\frac{dx}{dt}\right)^2+\left(\frac{dy}{dt}\right)^2=(-3\cos^2 t\sin t)^2+(3\sin^2 t\cos t)^2$$

$\leftarrow \cos^2 t+\sin^2 t=1$

$$=9\cos^2 t\sin^2 t\,(\cos^2 t+\sin^2 t)$$

$$=(3\cos t\sin t)^2 \quad\leftarrow 2\sin t\cos t=\sin 2t$$

$$=\left(\frac{3}{2}\sin 2t\right)^2$$

したがって $L=\displaystyle\int_0^{\frac{\pi}{2}}\sqrt{\left(\frac{dx}{dt}\right)^2+\left(\frac{dy}{dt}\right)^2}\,dt=\int_0^{\frac{\pi}{2}}\left|\frac{3}{2}\sin 2t\right|dt$

$$=\frac{3}{2}\int_0^{\frac{\pi}{2}}\sin 2t\,dt \quad\leftarrow 0\leqq t\leqq\frac{\pi}{2}\text{で,}\ \sin 2t\geqq 0$$

$$=\frac{3}{2}\left[\frac{1}{2}(-\cos 2t)\right]_0^{\frac{\pi}{2}} \quad\leftarrow \int\sin at\,dt=\frac{1}{a}(-\cos at)+C$$

$$=\frac{3}{4}\{1-(-1)\}=\frac{3}{2}$$

18

1 ア イ −2　ウ 2　エ 7　オ カ −2
　　キ 2　ク 7　ケ 2　コ 2　サ l　シ l

解説

(1)　曲線 $y=\sqrt{2x+4}$ は,
$$y=\sqrt{2(x+2)}$$
　と変形できるから, 曲線 $y=\sqrt{2x}$ を
　　x 軸方向に　**−2**
　だけ平行移動したものである。
　この曲線と直線 $y=x-1$ の共有点の x 座標
　は $x-1\geqq 0$ かつ $x+2\geqq 0$ のもと
$$\sqrt{2(x+2)}=x-1$$
$$2x+4=(x-1)^2$$
$$x^2-4x-3=0$$
　$x\geqq 1$ だから　$x=2+\sqrt{7}$
　この結果を参考に, 曲線 $y=\sqrt{2x+4}$ と
　直線 $y=x-1$ をかくと, 下のようになる。

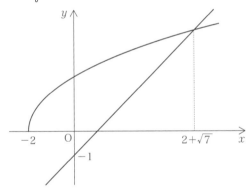

　したがって, 不等式 $\sqrt{2x+4}\geqq x-1$ を
　満たす x の値の範囲は
$$-2\leqq x\leqq 2+\sqrt{7}$$
　である。

(2)　$y=\dfrac{x+2}{2x-1}$ とおいて, x と y を入れ替え
　る と　$x=\dfrac{y+2}{2y-1}$
　y について解いて　$x(2y-1)=y+2$
　　$2xy-y=x+2$　より　$y=\dfrac{x+2}{2x-1}$

　また, $y=\dfrac{x-5}{2x-a}$ において, y と x を入れ

替えて, y について解くと
$$x=\dfrac{y-5}{2y-a}$$
よって　$(2y-a)x=y-5$
　　　　$(2x-1)y=ax-5$
$$y=\dfrac{ax-5}{2x-1}$$
$g(x)=g^{-1}(x)$ より
$$\dfrac{x-5}{2x-a}=\dfrac{ax-5}{2x-1}$$
であり, $(x-5)(2x-1)=(ax-5)(2x-a)$
より
$$2(1-a)x^2-(1-a^2)x+5(1-a)=0$$
これが x の恒等式となることから
$$2(1-a)=0$$
$$1-a^2=0$$
$$5(1-a)=0$$
したがって, $a=1$ であり, このとき
$$g(x)=\dfrac{x-5}{2x-1}$$

2

アイ 32　ウ 3　エ 3　オ 2　カ 2
キ 3　ク 1　ケコ −2

解説

(1)(i) $\displaystyle\lim_{n\to\infty}\frac{n\{1^2+2^2+3^2+\cdots+(2n)^2\}}{(1+2+3+\cdots+n)^2}$

において

$$1^2+2^2+3^2+\cdots+(2n)^2$$

$$=\sum_{k=1}^{2n}k^2=\frac{1}{6}(2n)(2n+1)(4n+1)$$

$$(1+2+3+\cdots+n)^2$$

$$=\left\{\frac{n(n+1)}{2}\right\}^2=\frac{n^2(n+1)^2}{4}$$

したがって

$$\lim_{n\to\infty}\frac{n\{1^2+2^2+3^2+\cdots+(2n)^2\}}{(1+2+3+\cdots+n)^2}$$

$$=\lim_{n\to\infty}\frac{\dfrac{1}{6}n(2n)(2n+1)(4n+1)}{\dfrac{n^2(n+1)^2}{4}}$$

$$=\lim_{n\to\infty}\frac{4(2n+1)(4n+1)}{3(n+1)^2}$$

$$=\lim_{n\to\infty}\frac{4\left(2+\dfrac{1}{n}\right)\left(4+\dfrac{1}{n}\right)}{3\left(1+\dfrac{1}{n}\right)^2}=\frac{32}{3}$$

(ii) $\displaystyle\lim_{n\to\infty}\frac{1+2+2^2+\cdots+2^{2n}}{1+4+4^2+\cdots+4^n}$ において

$$1+2+2^2+\cdots+2^{2n}$$

$$=1\cdot\frac{2^{2n+1}-1}{2-1}=2^{2n+1}-1$$

$$1+4+4^2+\cdots+4^n$$

$$=1\cdot\frac{4^{n+1}-1}{4-1}=\frac{1}{3}(4^{n+1}-1)$$

したがって

$$\lim_{n\to\infty}\frac{1+2^2+2^3+\cdots+2^{2n}}{1+4+4^2+\cdots+4^n}$$

$$=\lim_{n\to\infty}\frac{2^{2n+1}-1}{\dfrac{1}{3}(4^{n+1}-1)}$$

$$=\lim_{n\to\infty}\frac{\dfrac{3}{2}-\dfrac{3}{4^{n+1}}}{1-\dfrac{1}{4^{n+1}}}=\frac{3}{2}$$

(2) $3a_{n+1}=2a_n+1$, $a_1=2$ において

$$a_{n+1}=\frac{2}{3}a_n+\frac{1}{3}$$

より　$a_{n+1}-1=\dfrac{2}{3}(a_n-1)$

数列 $\{a_n-1\}$ は，初項 $a_1-1=1$，

公比 $\dfrac{2}{3}$ の等比数列だから，その一般項は

$$a_n-1=1\cdot\left(\frac{2}{3}\right)^{n-1}$$

すなわち　$a_n=\left(\dfrac{2}{3}\right)^{n-1}+1$

したがって　$\displaystyle\lim_{n\to\infty}a_n=1$

よって　$\displaystyle\lim_{n\to\infty}\frac{a_n+3}{a_n-3}=\frac{4}{-2}=-2$

3 ア1 イ2 ウエ −3 オカ −2
キク −1 ケ 0

解説

(1) $\dfrac{1}{3}+\dfrac{1}{9}+\dfrac{1}{27}+\dfrac{1}{81}+\dfrac{1}{243}+\cdots\cdots$

は，初項が $\dfrac{1}{3}$，公比が $\dfrac{1}{3}$ の無限等比級数

だから，その和は $\dfrac{1}{3}\cdot\dfrac{1}{1-\dfrac{1}{3}}=\dfrac{1}{2}$

(2) $x+x(x^2+3x+1)+x(x^2+3x+1)^2+$
$\qquad\cdots\cdots+x(x^2+3x+1)^{n-1}+\cdots\cdots$

は，初項が x，公比が x^2+3x+1 の無限等
比級数である。

この級数が収束する条件は

$\quad x=0$　または $|x^2+3x+1|<1$

である。

後者の条件は

$\quad -1<x^2+3x+1$ かつ $x^2+3x+1<1$

と同値であって

(ア)　$-1<x^2+3x+1$ のとき

$\quad x^2+3x+2>0$

$\quad (x+1)(x+2)>0$

よって

$\quad x<-2,\ -1<x$

(イ)　$x^2+3x+1<1$ のとき

$\quad x^2+3x<0$

$\quad x(x+3)<0$

よって

$\quad -3<x<0$

(ア)，(イ)の解を数直線上に表すと

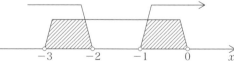

これらの共通部分から，求める x の値の範
囲は，$x=0$ も含めて

$\quad -3<x<-2,\ -1<x\leqq0$

4 アー イ3 ウ2 エ2 オ3
カ3 キ7 ク4 ケコ −4

解説

(1)(i) $\displaystyle\lim_{x\to1}\dfrac{\sqrt{x+2}-\sqrt{4x-1}}{x-1}$

$=\displaystyle\lim_{x\to1}\dfrac{(\sqrt{x+2}-\sqrt{4x-1})(\sqrt{x+2}+\sqrt{4x-1})}{(x-1)(\sqrt{x+2}+\sqrt{4x-1})}$

$=\displaystyle\lim_{x\to1}\dfrac{-3x+3}{(x-1)(\sqrt{x+2}+\sqrt{4x-1})}$

$=\displaystyle\lim_{x\to1}\dfrac{-3}{\sqrt{x+2}+\sqrt{4x-1}}$

$=\dfrac{-3}{2\sqrt{3}}$

$=\dfrac{-\sqrt{3}}{2}$

(ii) $\displaystyle\lim_{\theta\to0}\dfrac{\sin2\theta}{\tan3\theta}$

$=\displaystyle\lim_{\theta\to0}\dfrac{\sin2\theta}{2\theta}\cdot\dfrac{3\theta}{\tan3\theta}\cdot\dfrac{2}{3}$

$=\dfrac{2}{3}\times\displaystyle\lim_{\theta\to0}\dfrac{\sin2\theta}{2\theta}\cdot\lim_{\theta\to0}\dfrac{3\theta}{\tan3\theta}$

ここで

$\displaystyle\lim_{\theta\to0}\dfrac{\sin2\theta}{2\theta}=\lim_{2\theta\to0}\dfrac{\sin2\theta}{2\theta}=1$

$\displaystyle\lim_{\theta\to0}\dfrac{3\theta}{\tan3\theta}=\lim_{\theta\to0}\dfrac{3\theta\cos3\theta}{\sin3\theta}$

$\qquad\qquad=\displaystyle\lim_{3\theta\to0}\dfrac{\cos3\theta}{\dfrac{\sin3\theta}{3\theta}}$

$\qquad\qquad=1$

だから

$\displaystyle\lim_{\theta\to0}\dfrac{\sin2\theta}{\tan3\theta}=\dfrac{2}{3}\cdot1\cdot1=\dfrac{2}{3}$

(2) 2^x+3^x について

$\quad 3^x<2^x+3^x<3^x+3^x$

したがって

$\quad (3^x)^{\frac{1}{x}}<(2^x+3^x)^{\frac{1}{x}}<\{2(3^x)\}^{\frac{1}{x}}$

$\quad 3<(2^x+3^x)^{\frac{1}{x}}<2^{\frac{1}{x}}\cdot3$

ここで

$\quad\displaystyle\lim_{x\to\infty}2^{\frac{1}{x}}=\lim_{t\to0}2^t=1$

よって，はさみうちの原理から

$$\lim_{x \to \infty}(2^x+3^x)^{\frac{1}{x}}=3$$

(3) 関数 $f(x)=ax^2+bx+1$ が

$$\lim_{x \to 2}\frac{ax^2+bx+1}{x-2}=3$$

を満たすことから，$f(2)=0$ でなければなら
ないから

$$f(2)=4a+2b+1=0 \quad \cdots\cdots\text{①}$$

したがって，$1=-4a-2b$ として $f(x)$ に代
入すると

$$\begin{aligned}
f(x)&=ax^2+bx-4a-2b\\
&=a(x^2-4)+b(x-2)\\
&=(x-2)(ax+2a+b)
\end{aligned}$$

このとき

$$\begin{aligned}
&\lim_{x \to 2}\frac{ax^2+bx+1}{x-2}\\
&=\lim_{x \to 2}\frac{(x-2)(ax+2a+b)}{x-2}\\
&=\lim_{x \to 2}(ax+2a+b)\\
&=4a+b=3 \quad\quad\quad \cdots\cdots\text{②}
\end{aligned}$$

①，②より

$$a=\frac{7}{4}, \quad b=-4$$

復習テスト ❷ (本文82〜83ページ)

1 ア 5

解説

$$\begin{aligned}
&\lim_{h \to 0}\frac{f(a+2h)-f(a-3h)}{h}\\
&=\lim_{h \to 0}\frac{f(a+2h)-f(a)+f(a)-f(a-3h)}{h}\\
&=\lim_{h \to 0}\frac{f(a+2h)-f(a)}{h}\\
&\quad\quad\quad\quad +\lim_{h \to 0}\frac{f(a)-f(a-3h)}{h}\\
&=\lim_{h \to 0}\frac{f(a+2h)-f(a)}{2h}\cdot 2\\
&\quad\quad\quad\quad -\lim_{h \to 0}\frac{f(a-3h)-f(a)}{-3h}\cdot(-3)\\
&=2f'(a)-(-3)f'(a)\\
&=5f'(a)
\end{aligned}$$

2 アイ 33 ウ 9 エ 2 オ 8
カ 3 キ 2 ク 3 ケ 2 コ 6 サ 3
シ 3 スセ -6 ソ 1 タ 5

解説

(i) $\{(x+2)(x+1)^2\}'$

$=(x+2)'(x+1)^2+(x+2)\{(x+1)^2\}'$

$=(x+1)^2+(x+2)\cdot 2(x+1)$

$=x^2+2x+1+2x^2+6x+4$

$=3x^2+8x+5$

したがって

$$f'(2)=3\cdot 2^2+8\cdot 2+5=\boxed{33}$$

(ii) $\sqrt{x}=x^{\frac{1}{2}}$ であることから

$$f(x)=\frac{x^2-x+1}{\sqrt{x}}=x^{2-\frac{1}{2}}-x^{1-\frac{1}{2}}+x^{0-\frac{1}{2}}$$
$$=x^{\frac{3}{2}}-x^{\frac{1}{2}}+x^{-\frac{1}{2}}$$

よって

$$f'(x)=(x^{\frac{3}{2}}-x^{\frac{1}{2}}+x^{-\frac{1}{2}})'$$
$$=\frac{3}{2}x^{\frac{3}{2}-1}-\frac{1}{2}\cdot x^{\frac{1}{2}-1}+\left(-\frac{1}{2}\right)x^{-\frac{1}{2}-1}$$
$$=\frac{3}{2}x^{\frac{1}{2}}-\frac{1}{2}\cdot x^{-\frac{1}{2}}-\frac{1}{2}x^{-\frac{3}{2}}$$

したがって

$$f'(2)=\frac{3}{2}\cdot\sqrt{2}-\frac{1}{2\sqrt{2}}-\frac{1}{2}\cdot\frac{1}{2\sqrt{2}}$$
$$=\frac{9\sqrt{2}}{8}$$

(iii) $f(x)=3^{\log x}$ について

$$\log f(x)=\log x(\log 3)$$

両辺を x で微分すると

$$\frac{f'(x)}{f(x)}=\frac{\log 3}{x}$$

よって，$f'(x)=\dfrac{\log 3}{x}\cdot 3^{\log x}$ であり

$$f'(2)=\frac{3^{\log 2}\log 3}{2}$$

(iv) $f(x)=\dfrac{e^{2x}+e^{-2x}}{e^x+e^{-x}}$ について

$$f'(x)=\frac{(e^{2x}+e^{-2x})'(e^x+e^{-x})-(e^{2x}+e^{-2x})(e^x+e^{-x})'}{(e^x+e^{-x})^2}$$
$$=\frac{(2e^{2x}-2e^{-2x})(e^x+e^{-x})-(e^{2x}+e^{-2x})(e^x-e^{-x})}{(e^x+e^{-x})^2}$$

$$=\frac{2e^{3x}-2e^{-x}+2e^x-2e^{-3x}-(e^{3x}-e^x+e^{-x}-e^{-3x})}{(e^x+e^{-x})^2}$$

$$=\frac{e^{3x}-3e^{-x}+3e^x-e^{-3x}}{(e^x+e^{-x})^2}$$

したがって

$$f'(2)=\frac{e^{3\cdot 2}-3e^{-2}+3e^2-e^{-3\cdot 2}}{(e^2+e^{-2})^2}$$

$$=\frac{e^6-3e^{-2}+3e^2-e^{-6}}{(e^2+e^{-2})^2}$$

(v) $f'(x)=\{\log(x+\sqrt{x^2+1})\}'$

$$=\frac{(x+\sqrt{x^2+1})'}{x+\sqrt{x^2+1}}$$

$$=\frac{1+\dfrac{2x}{2\sqrt{x^2+1}}}{x+\sqrt{x^2+1}}=\frac{\dfrac{x+\sqrt{x^2+1}}{\sqrt{x^2+1}}}{x+\sqrt{x^2+1}}$$

$$=\frac{1}{\sqrt{x^2+1}}$$

したがって

$$f'(2)=\frac{1}{\sqrt{5}}$$

3 　ア 2　イ 2

解説

$y=e^{-x}\sin x$ のとき,

$y'=(e^{-x}\sin x)'$

$\quad=(e^{-x})'\sin x+e^{-x}(\sin x)'$

$\quad=-e^{-x}\sin x+e^{-x}\cos x$

$\quad=e^{-x}(\cos x-\sin x)$

$y''=\{e^{-x}(\cos x-\sin x)\}'$

$\quad=(e^{-x})'(\cos x-\sin x)$

$\qquad\qquad\qquad +e^{-x}(\cos x-\sin x)'$

$\quad=-e^{-x}(\cos x-\sin x)$

$\qquad\qquad\qquad +e^{-x}(-\sin x-\cos x)$

$\quad=-2e^{-x}\cos x$

したがって, ある実数 a, b に対して, 任意の x で

$\quad y''+ay'+by=0$

が成り立つとすると

$\quad -2e^{-x}\cos x+ae^{-x}(\cos x-\sin x)$

$\qquad\qquad\qquad\qquad +be^{-x}\sin x=0$

$\quad e^{-x}\{(-a+b)\sin x+(a-2)\cos x\}=0$

$e^{-x}\neq 0$ だから

$\quad (-a+b)\sin x+(a-2)\cos x=0$

任意の x でこれが成り立つことから

$\quad -a+b=0$ かつ $a-2=0$

すなわち　$a=2$, $b=2$

4 　ア ②　イ 2　ウ −1

解説

(1) $f(x)=\begin{cases}0 & (x<0)\\ x^2-x & (x\geqq 0)\end{cases}$

であるとき,

$\quad \displaystyle\lim_{x\to+0}f(x)=f(0)=0$

$\quad \displaystyle\lim_{x\to-0}f(x)=0$

よって, 関数 $f(x)$ は $x=0$ で連続である。

また

$\quad \displaystyle\lim_{h\to+0}\frac{f(0+h)-f(0)}{h}$

$\quad =\displaystyle\lim_{h\to+0}\frac{h^2-h}{h}$

$\quad =\displaystyle\lim_{h\to+0}(h-1)=-1$

$\quad \displaystyle\lim_{h\to-0}\frac{f(0+h)-f(0)}{h}$

$\quad =\displaystyle\lim_{h\to-0}\frac{0-0}{h}$

$\quad =\displaystyle\lim_{h\to-0}0=0$

よって, 関数 $f(x)$ は, $x=0$ で連続であるが, $x=0$ で微分可能とはいえない。　　　　　(②)

(2) $g(x)=\begin{cases}x^3 & (x<1)\\ ax^2+bx & (x\geqq 1)\end{cases}$

関数 $g(x)$ が $x=1$ で微分可能であるためには $x=1$ で連続である。

だから

$\quad \displaystyle\lim_{x\to1+0}g(x)=\lim_{x\to1-0}g(x)$

すなわち

$\quad a+b=1$ 　　　　　　　　　……①

一方, $x=1$ で微分可能だから

$\quad \displaystyle\lim_{h\to+0}\frac{f(1+h)-f(1)}{h}$

$\quad =\displaystyle\lim_{h\to+0}\frac{a(1+h)^2+b(1+h)-(a+b)}{h}$

$\quad =2a+b$

$\quad \displaystyle\lim_{h\to-0}\frac{f(1+h)-f(1)}{h}$

$\quad =\displaystyle\lim_{h\to-0}\frac{(1+h)^3-1}{h}$

$\quad =3$

より

$2a+b=3$ ……②

①，②より

$a=2$，$b=-1$

1 アイ −2　ウ 1　エ 1　オ 2　カ 3
　　キ 2　ク 2　ケ 1　コ 2　サ 4　シ 2

解説

曲線 $y=x^2-3x+\dfrac{1}{x}$ において，

$$y'=2x-3-\dfrac{1}{x^2}$$

よって，この曲線上の点 P(1，−1) における接線の傾きは

$$y'=2\cdot1-3-\dfrac{1}{1^2}=-2$$

したがって，点 P における接線の方程式は

$$y-(-1)=-2(x-1)$$
$$y=-2x+1$$

また，点 P における法線の傾きは

$$-\dfrac{1}{-2}=\dfrac{1}{2}\quad\longleftarrow\dfrac{-1}{（接線の傾き）}$$

だから，点 P における法線の方程式は

$$y-(-1)=\dfrac{1}{2}(x-1)$$

$$y=\dfrac{1}{2}x-\dfrac{3}{2}$$

また，曲線 $y=\log x$ において

$$y'=(\log x)'=\dfrac{1}{x}$$

だから，曲線 $y=\log x$ 上の点 Q(e^2，2) における接線の方程式は

$$y-2=\dfrac{1}{e^2}(x-e^2)$$

すなわち　$y=\dfrac{x}{e^2}+1$

また，点 Q における法線の傾きは　$-e^2$
だから，点 Q における法線の方程式は

$$y-2=-e^2(x-e^2)$$

すなわち

$$y=-e^2x+e^4+2$$

2　ア4 イ2 ウ2 エ2 オ2

解説

関数 $f(x)=e^x \cos x+e^{-x}\sin x$ $\left(0\leqq x\leqq \dfrac{\pi}{2}\right)$

について，積の微分法から

$$f'(x)=(e^x)'\cos x+e^x(\cos x)'$$
$$+(e^{-x})'\sin x+e^{-x}(\sin x)'$$
$$=e^x\cos x+e^x(-\sin x)$$
$$-e^{-x}\sin x+e^{-x}\cos x$$
$$=(e^x+e^{-x})(\cos x-\sin x)$$

$0\leqq x\leqq \dfrac{\pi}{2}$ のとき，$e^x\geqq 1$，$e^{-x}>0$ だから

$$e^x+e^{-x}>0$$

よって，$f'(x)=0$ のとき

$$\cos x-\sin x=0$$

すなわち　$\tan x=1$

$0\leqq x\leqq \dfrac{\pi}{2}$ でこれを満たすのは　$x=\dfrac{\pi}{4}$

したがって，$f(x)$ の増減表は次のようになる。

x	0	$\cdots$	$\dfrac{\pi}{4}$	$\cdots$	$\dfrac{\pi}{2}$
$f'(x)$		$+$	0	$-$	
$f(x)$	1	↗	$\dfrac{\sqrt{2}}{2}(e^{-\frac{\pi}{4}}+e^{\frac{\pi}{4}})$	↘	$e^{-\frac{\pi}{2}}$

これより，$f(x)$ は，$x=\dfrac{\pi}{4}$ のとき，

極大かつ最大となり，最大値は

$$\frac{\sqrt{2}}{2}(e^{-\frac{\pi}{4}}+e^{\frac{\pi}{4}})$$

また，$f\left(\dfrac{\pi}{2}\right)=e^{-\frac{\pi}{2}}=\dfrac{1}{e^{\frac{\pi}{2}}}$

であって，$\dfrac{\pi}{2}>1$ だから　$e^{\frac{\pi}{2}}>1$

したがって　$\dfrac{1}{e^{\frac{\pi}{2}}}<1=f(0)$

よって，$0\leqq x\leqq \dfrac{\pi}{2}$ において，$f(x)$ は $x=\dfrac{\pi}{2}$

のとき，最小値 $e^{-\frac{\pi}{2}}$ をとる。

3　アイ −| ウ − エオ −| カキ −2
　　クケ −2 コサ −2 シ ② スセ −2
　　ソ ① タ 0 チ ③

解説

関数 $y=xe^x$ について

$$y'=(x)'e^x+x(e^x)'$$
$$=e^x+xe^x$$
$$=(x+1)e^x$$
$$y''=(x+1)'e^x+(x+1)(e^x)'$$
$$=e^x+(x+1)e^x$$
$$=(x+2)e^x$$

$e^x>0$ だから，$y'=0$ のとき

$$x+1=0 \quad x=-1$$

$y''=0$ のとき　$x+2=0$　$x=-2$

したがって，関数 y の増減表は次のようにな

る。

x	$\cdots\cdots$	-2	$\cdots\cdots$	-1	$\cdots\cdots$
y'	$-$	$-$	$-$	0	$+$
y''	$-$	0	$+$	$+$	$+$
y	↘	変曲点	↘	極小 $-e^{-1}$	↗

よって，関数 $y=xe^x$ は

$$x=-1 \text{ のとき　極値 } -e^{-1}$$

をとり，曲線 $y=xe^x$ の変曲点は

$$(-2,\ -2e^{-2})$$

である。

　したがって，曲線 $y=xe^x$ は

$$x<-2 \text{ で上に凸}$$
$$x>-2 \text{ で下に凸}$$

である。

さらに，$\lim\limits_{x\to-\infty}xe^x=0$ だから，この曲線は，

下のようになる。

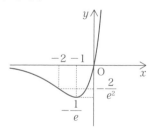

したがって，適するグラフは③である。

4 ア ① イ 3

解説

3次方程式 $x^3-kx+2=0$ ……①

で，$x \neq 0$ のとき，変形すると

$\quad kx=x^3+2$ ……②

$x=0$ はこの方程式の解ではないので，②の両

辺を x で割ると $\quad k=\dfrac{x^3+2}{x}$

このとき，直線 $y=k$ と曲線 $y=\dfrac{x^3+2}{x}$ の共有

点の個数は3次方程式①の解の個数に等しい。

$$y'=\dfrac{(x^3+2)' \cdot x-(x^3+2) \cdot (x)'}{x^2}$$

$$=\dfrac{3x^3-x^3-2}{x^2}=\dfrac{2(x^3-1)}{x^2}$$

$$=\dfrac{2(x-1)(x^2+x+1)}{x^2}$$

すべての実数 x で

$$x^2+x+1=\left(x+\dfrac{1}{2}\right)^2+\dfrac{3}{4}>0$$

だから，y の増減
表は右のようにな
る。

x	$\cdots$	0	$\cdots$	1	$\cdots$
y'	$-$	/	$-$	0	$+$
y	$\searrow$	/	$\searrow$	3	$\nearrow$

また $\quad \lim\limits_{x\to\infty} y=\infty,\ \lim\limits_{x\to-\infty} y=\infty$
$\quad\quad \lim\limits_{x\to-0} y=-\infty,\ \lim\limits_{x\to+0} y=\infty$

より，関数 $y=\dfrac{x^3+2}{x}$ のグラフは下のように

なる。

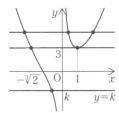

このグラフより，直線 $y=k$ との共有点の個
数が3個であるのは

$\quad k>3$ のとき

である。

---

1 ア 2 イ 3 ウ 3 エ 3 オ 2 カ 1 キ 1 ク 1 ケ 3 コ 3

解説

(1) $e^x+3=t$ とおくと $\quad \dfrac{dt}{dx}=e^x$

よって $\quad e^x dx=dt$

$$\int e^x\sqrt{e^x+3}\,dx=\int \sqrt{e^x+3}\cdot e^x dx$$

$$=\int \sqrt{t}\,dt=\int t^{\frac{1}{2}}dt$$

$$=\dfrac{1}{\frac{1}{2}+1}t^{\frac{1}{2}+1}+C$$

$$=\dfrac{2}{3}t^{\frac{3}{2}}+C$$

$$=\dfrac{2}{3}(e^x+3)^{\frac{3}{2}}+C$$

(2) $x+1=t$ とおくと $\quad \dfrac{dt}{dx}=1$

よって $\quad dx=dt$

$$\int \dfrac{x}{(x+1)^3}\,dx$$

$$=\int \dfrac{t-1}{t^3}\,dt$$

$$=\int \left(\dfrac{1}{t^2}-\dfrac{1}{t^3}\right)dt$$

$$=\dfrac{t^{-2+1}}{-2+1}-\dfrac{t^{-3+1}}{-3+1}+C$$

$$=-(x+1)^{-1}+\dfrac{1}{2}(x+1)^{-2}+C$$

$$=-\dfrac{1}{x+1}+\dfrac{1}{2(x+1)^2}+C$$

(3) $\cos^3 x=\cos x(1-\sin^2 x)$

$\sin x=t$ とおくと $\quad \dfrac{dt}{dx}=\cos x$

よって $\cos x dx=dt$ であり

$$\int \cos^3 x dx$$

$$=\int(1-\sin^2 x)\cos x dx$$

$$=\int(1-t^2)dt$$

$$=t-\frac{1}{3}t^3+C$$

$$=\sin x-\frac{1}{3}\sin^3 x+C$$

2 ア 1 イ 4 ウ 2 エ 9 オ 3 カ 1 キ 9 ク 1 ケ 4

解説

(1) $\cos x=t$ とおくと $\dfrac{dt}{dx}=-\sin x$

よって
$\sin x dx=-dt$
x と t の対応は右のように
なる。

x	$0 \longrightarrow \dfrac{\pi}{2}$
t	$1 \longrightarrow 0$

したがって
$$\int_0^{\frac{\pi}{2}}\cos^3 x \sin x dx$$

$$=\int_1^0 t^3(-dt)=\int_0^1 t^3 dt$$

$$=\left[\frac{1}{4}t^4\right]_0^1$$

$$=\frac{1}{4}$$

(2) $\displaystyle\int_1^e x^2 \log x dx$

$$=\int_1^e\left(\frac{1}{3}x^3\right)'\log x dx$$

$$=\left[\frac{1}{3}x^3\log x\right]_1^e-\frac{1}{3}\int_1^e x^3(\log x)'dx$$

$$=\frac{e^3}{3}-\frac{1}{3}\int_1^e x^2 dx$$

$$=\frac{e^3}{3}-\frac{1}{3}\left[\frac{1}{3}x^3\right]_1^e$$

$$=\frac{2}{9}e^3+\frac{1}{9}$$

(3) $\dfrac{x^2}{1+x^2}=1-\dfrac{1}{1+x^2}$ であり

$x=\tan\theta$ とおくと $\dfrac{dx}{d\theta}=\dfrac{1}{\cos^2\theta}$

したがって
$dx=\dfrac{1}{\cos^2\theta}d\theta$

x	$0 \longrightarrow 1$
θ	$0 \longrightarrow \dfrac{\pi}{4}$

であり，x と θ の対応は上のようになる。

$$\frac{1}{1+x^2}=\frac{1}{1+\tan^2\theta}$$

$$= \frac{\cos^2 \theta}{\cos^2 \theta + \sin^2 \theta}$$

$$= \cos^2 \theta$$

であることから

$$\int_0^1 \frac{x^2}{1+x^2} \, dx$$

$$= \int_0^1 \left(1 - \frac{1}{1+x^2} \right) dx$$

$$= \int_0^1 1 \, dx - \int_0^1 \frac{1}{1+x^2} \, dx$$

$$= 1 - \int_0^{\frac{\pi}{4}} \cos^2 \theta \cdot \frac{1}{\cos^2 \theta} \, d\theta$$

$$= 1 - \int_0^{\frac{\pi}{4}} d\theta$$

$$= 1 - \frac{\pi}{4}$$

3 ア 0 イ 1 ウ 2 エ 1 オ 1 カ 6
キ 1 クケ 15

解説

$\sqrt{x} + \sqrt{y} = 1$ において
$$x \geq 0, \ y \geq 0$$
であると同時に
$$\sqrt{y} = 1 - \sqrt{x} \geq 0$$
だから $\sqrt{x} \leq 1$
よって $x \leq 1$
したがって，x の定義域は
$$0 \leq x \leq 1$$
また，y が減少関数で
あることから，関数 y
の値域は $0 \leq y \leq 1$ で
あり，グラフは右のよ
うになる。

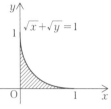

$\sqrt{y} = 1 - \sqrt{x}$ の両辺を2乗すると
$$y = x - 2\sqrt{x} + 1$$
だから，図形Pの面積は

$$\int_0^1 y \, dx = \int_0^1 (x - 2\sqrt{x} + 1) \, dx$$

$$= \left[\frac{1}{2} x^2 - \frac{4}{3} x^{\frac{3}{2}} + x \right]_0^1$$

$$= \left(\frac{1}{2} - \frac{4}{3} + 1 \right)$$

$$= \frac{1}{6}$$

また，x 軸の周りの回転体の体積は

$$\int_0^1 \pi y^2 \, dx$$

$$= \int_0^1 \pi (x - 2\sqrt{x} + 1)^2 \, dx$$

$$= \pi \int_0^1 (x^2 + 6x + 1 - 4x^{\frac{3}{2}} - 4x^{\frac{1}{2}}) \, dx$$

$$= \pi \left[\frac{1}{3} x^3 + 3x^2 + x - \frac{8}{5} x^{\frac{5}{2}} - \frac{8}{3} x^{\frac{3}{2}} \right]_0^1$$

$$= \pi \left(\frac{1}{3} + 3 + 1 - \frac{8}{5} - \frac{8}{3} \right) = \frac{1}{15} \pi$$

4 ア 1 イ 2 ウ 8 エオ −2 カ 6
キク 36 ケコ 45

解説

(1) $y=\dfrac{1}{2}(e^x+e^{-x})$ において

$$y'=\dfrac{1}{2}(e^x-e^{-x})$$

であり

$$1+(y')^2=1+\dfrac{1}{4}(e^{2x}-2+e^{-2x})$$

$$=\dfrac{1}{4}(e^{2x}+2+e^{-2x})$$

$$=\left\{\dfrac{1}{2}(e^x+e^{-x})\right\}^2$$

であることから，求める曲線の長さは

$$\int_0^1\sqrt{1+(y')^2}\,dx$$

$$=\int_0^1\left\{\dfrac{1}{2}(e^x+e^{-x})\right\}dx$$

$$=\left[\dfrac{1}{2}(e^x-e^{-x})\right]_0^1$$

$$=\dfrac{1}{2}\left(e-\dfrac{1}{e}\right)$$

(2) $x=12t-t^2$ から

$$\dfrac{dx}{dt}=12-2t$$

$$\dfrac{d^2x}{dt^2}=-2$$

$t=2$ のとき

　速度は **8**　　加速度は **−2**

また，点 P の運動の向きが変わるのは，$\dfrac{dx}{dt}$

が符号を変えるときだから，その時刻は

　$12-2t=0$ より　　$t=6$

このときの点 P の位置は

　$x=12\cdot6-6^2=$ **36**

また，点 P の速度は

　$0<t<6$ のとき　$\dfrac{dx}{dt}>0$

　$6<t<9$ のとき　$\dfrac{dx}{dt}<0$

となるから，点 P が $t=0$ から $t=9$ までに移動した道のりは

$$\int_0^9|12-2t|\,dt$$

$$=\int_0^6(12-2t)\,dt+\int_6^9(-12+2t)\,dt$$

$$=\left[12t-t^2\right]_0^6+\left[-12t+t^2\right]_6^9$$

$$=(72-36)+(-108+81+72-36)$$

$$=36+9$$

$$=45$$